“十三五”应用型本科院校系列教材/机械工程类

主　编　孔庆华
副主编　孙立峰　魏可霏
主　审　姜继海

液压系统设计指导

Guidance of Hydraulic System Design

哈爾濱工業大學出版社

内容简介

本书是为机械类本科学生的液压系统课程设计编写的。全书共分 6 章:第 1 章介绍了液压系统课程设计的目的和任务;第 2 章介绍了液压系统设计的步骤;第 3 章介绍了液压缸的设计;第 4 章介绍了液压泵站的设计;第 5 章介绍了液压油路的集成化设计;第 6 章介绍了液压系统课程设计的两个实例和三个题目。从而保证一个综合实践教学环节的圆满完成,实现从理论知识到实践能力的转换。本书的特点是短小精悍、说明问题。本书是机械类学生的理想教材,同时也可作为相关工程技术人员的参考用书。

图书在版编目(CIP)数据

液压系统设计指导/孔庆华主编. —哈尔滨:哈尔滨工业大学出版社,2012.11(2022.1 重印)

ISBN 978-7-5603-3803-3

Ⅰ.①液… Ⅱ.①孔… Ⅲ.①液压系统—系统设计—高等学校—教材 Ⅳ.①TH137

中国版本图书馆 CIP 数据核字(2012)第 228744 号

策划编辑 杜 燕
责任编辑 范业婷
出版发行 哈尔滨工业大学出版社
社 址 哈尔滨市南岗区复华四道街 10 号 邮编 150006
传 真 0451-86414749
网 址 http://hitpress.hit.edu.cn
印 刷 哈尔滨市工大节能印刷厂
开 本 787mm×960mm 1/16 印张 6 总字数 120 千字
版 次 2012 年 11 月第 1 版 2022 年 1 月第 5 次印刷
书 号 ISBN 978-7-5603-3803-3
定 价 20.00 元

序

哈尔滨工业大学出版社策划的《“十三五”应用型本科院校系列教材》即将付梓，诚可贺也。

该系列教材卷帙浩繁，凡百余种，涉及众多学科门类，定位准确，内容新颖，体系完整，实用性强，突出实践能力培养。不仅便于教师教学和学生学习，而且满足就业市场对应用型人才的迫切需求。

应用型本科院校的人才培养目标是面对现代社会生产、建设、管理、服务等一线岗位，培养能直接从事实际工作、解决具体问题、维持工作有效运行的高等应用型人才。应用型本科与研究型本科和高职高专院校在人才培养上有着明显的区别，其培养的人才特征是：①就业导向与社会需求高度吻合；②扎实的理论基础和过硬的实践能力紧密结合；③具备良好的人文素质和科学技术素质；④富于面对职业应用的创新精神。因此，应用型本科院校只有着力培养“进入角色快、业务水平高、动手能力强、综合素质好”的人才，才能在激烈的就业市场竞争中站稳脚跟。

目前国内应用型本科院校所采用的教材往往只是对理论性较强的本科院校教材的简单删减，针对性、应用性不够突出，因材施教的目的难以达到。因此亟须既有一定的理论深度又注重实践能力培养的系列教材，以满足应用型本科院校教学目标、培养方向和办学特色的需要。

哈尔滨工业大学出版社出版的《“十三五”应用型本科院校系列教材》，在选题设计思路上认真贯彻教育部关于培养适应地方、区域经济和社会发展需要的“本科应用型高级专门人才”精神，根据前黑龙江省委书记吉炳轩同志提出的关于加强应用型本科院校建设的意见，在应用型本科试点院校成功经验总结的基础上，特邀请黑龙江省9所知名的应用型本科院校的专家、学者联合编写。

本系列教材突出与办学定位、教学目标的一致性和适应性，既严格遵照学科体系的知识构成和教材编写的一般规律，又针对应用型本科人才培养目标及与之相适应的教学特点，精心设计写作体例，科学安排知识内容，围绕应用讲授理论，做到“基础知识够用、实践技能实用、专业理论管用”。同时注意适当融入新理论、新技术、新工艺、新成果，并且制作了与本书配套的PPT多媒体教学课件，形成立体化教材，供教师参考使用。

《“十三五”应用型本科院校系列教材》的编辑出版，是适应“科教兴国”战略对复合型、应用型人才的需求，是推动相对滞后的应用型本科院校教材建设的一种有益尝试，在应用型创新人才培养方面是一件具有开创意义的工作，为应用型人才的培养提供了及时、可靠、坚实的保证。

希望本系列教材在使用过程中，通过编者、作者和读者的共同努力，厚积薄发、推陈出新、细上加细、精益求精，不断丰富、不断完善、不断创新，力争成为同类教材中的精品。

前　言

哈尔滨华德学院(原哈尔滨工业大学华德应用技术学院)秉承哈工大的优良传统和办学理念,培养应用技术型人才,极为重视综合实践教学环节。20年来不断地探索和追求,在理论联系实际方面取得了丰富的经验和丰硕的成果。本书就是在这种办学理念指导下编写的。

全书共分6章,由华德学院机电与汽车工程学院教授孔庆华任主编;孙立峰、魏可霏任副主编。第1章介绍了液压系统课程设计的目的和要求;第2章介绍了液压系统设计的步骤;第3章介绍了液压缸的设计;第4章介绍了液压泵站的设计;第5章介绍了液压油路的集成化设计;第6章介绍了液压系统课程设计的两个实例和三个题目。从而保证一个综合实践教学环节的圆满完成,实现从理论知识到实践能力的转换。

本书第1章,第6章由孔庆华编写;第2、4章由孙立峰编写;第3、5章由魏可霏编写;全书由孔庆华统稿。哈尔滨工业大学教授、博士生导师姜继海担任主审,他对本书提出了许多宝贵意见;同时也得到了哈尔滨华德学院机电与汽车工程学院李慧、丁娟、曾繁菊的诸多帮助,在此一并表示感谢。还要特别感谢参考文献的作者。本书是机械类学生的理想教材,同时也可作为相关工程技术人员的参考用书。

由于编者水平有限,错误和疏漏之处在所难免,竭诚希望广大读者提出宝贵意见。

编　者

2012.8

目 录

第 1 章 液压系统课程设计的目的和要求

1.1 目　　的

液压系统课程设计是液压传动课程的一个综合实践教学环节。通过该教学环节，要求达到以下目的：

(1)巩固和深化已学过的理论知识，掌握液压系统设计计算的一般方法和步骤。

(2)能正确合理地分析设计题目的工作要求：动作数量、运动速度和调速范围、工作负载及其变化范围、工作顺序与工作循环、工作协同与互锁。

(3)能熟练地运用液压基本回路组合成满足设计题目基本性能要求的、高效率、低成本的液压系统；能正确合理地确定各执行机构，选用标准液压元件。

(4)在设计完成液压系统的基础上，可以选择完成与系统相关的下列任务之一：①液压缸设计；②液压泵站设计；③液压油路的集成化设计。

(5)熟悉并学会使用有关的国家标准、部颁标准、设计手册和产品样本等技术资料。

1.2 要　　求

液压课程设计是在教师指导下进行的。在设计过程中提倡独立思考、深入研究的学习精神和严肃认真的工作态度。

(1)设计必须从实际出发，综合考虑系统的先进性、实用性、经济性、安全性，应做到操作简单、维修方便。

(2)按时独立完成作业。设计时可以收集、参考同类技术资料，但必须在消化理解后借鉴参考；绝不可以简单地抄袭。

(3)应用 CAD 绘制液压系统原理图和液压缸、液压泵站的装配图，或集成油路的零件图。

(4)运算过程要求首先列出公式,然后代入数据、得出结果,并且注明法定计量单位(不要求运算步骤)。

(5)液压课程设计按标准格式模板提交设计说明书。要求文字简练、逻辑清晰、插图工整、运算正确。说明书中必须有:①液压缸的负载图和速度图;②执行元件的工况图;③液压系统工作原理图;④电磁铁动作顺序表;⑤液压元件明细表;⑥液压缸或液压泵站的装配图、集成油路板的零件图。

如果可以用比较简单的回路实现系统要求,就不必过分强调先进性,并非是越先进越好。同样,对于设计要求较高的系统,应不惜采用性能较好的产品和复杂一点的回路,不能只考虑简单、经济,却达不到设计要求。

第 2 章 液压系统的设计步骤

液压系统设计的一般流程如图 2.1 所示。

液压系统的设计步骤和内容为：

(1)明确设计要求,进行工况分析；

(2)确定液压系统的主要性能参数；

(3)拟订液压系统原理图,进行系统方案论证；

(4)计算和选择液压元件；

(5)验算液压系统的性能；

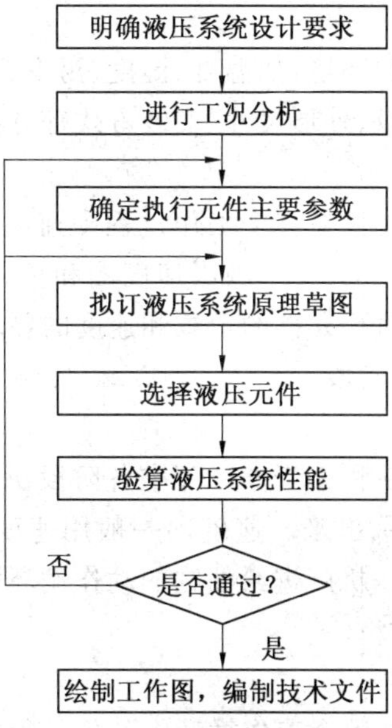

图 2.1　液压系统设计的一般流程

(6)液压缸设计;

(7)绘制工作图,编写技术文件,并提交液压系统的设计说明书。

以上步骤中各项工作内容有时是互相穿插、交叉进行的。对某些复杂的问题,需要进行多次反复才能最后确定。对于某些比较简单的设计,有些步骤可合并和简化处理。

2.1 明确设计要求进行工况分析

1.明确设计要求

设计要求是设计液压系统的依据,设计前必须搞清楚。明确设计要求有以下几个方面:

(1)主机的概况了解。

主机的用途、总体布局、主要结构,主机对液压装置的位置和空间尺寸的限制,主机的工艺流程或工作循环、技术参数与性能要求。

(2)明确主机对液压系统提出的任务和要求。

主机要求液压系统完成的动作和功能,执行元件的运动方式和运动速度、动作循环及其工作范围、动作顺序、转换及互锁等要求。

对液压系统的工作性能方面的要求,如运动平稳性、定位和转换精度、停留时间、自动化程度、工作效率、经济性等方面的要求。

(3)明确其他要求。

明确液压系统的工作条件和环境:如温度、湿度、污染、噪声和振动。有无腐蚀性和易燃物质存在。对液压系统的质量、外形尺寸、安装方式等方面的要求。

2.进行工况分析

工况分析就是要分析执行元件在整个工作过程中速度和负载的变化规律,求出工作循环中各动作阶段的速度和负载的大小,画出速度图和负载图(简单系统可不画)。从这两张图中可以清晰地看出液压执行元件的负载和速度的要求和变化范围、最大负载值、最大速度值,以及它们所在的工作阶段。

(1)速度分析与速度图。

速度分析就是对执行元件在整个工作循环中各阶段所要求的速度进行分析,速度图即是用图形将这种分析结果表示出来。速度图一般用速度一时间($v-t$)或速度一位移($v-l$)曲线表示。图 2.2(a)为一机床进给油缸的动作循环图,图 2.2(b)是其相应的速度图。

(2)负载分析与负载图。

负载分析就是对执行元件在整个工作循环中各阶段所要求克服的负载大小及其性质进行分析,负载图即是用图形将这种分析结果表示出来。负载图一般用负载一时间

($F-t$)或负载一位移($F-l$)曲线表示。图 2.3 为液压缸负载图。

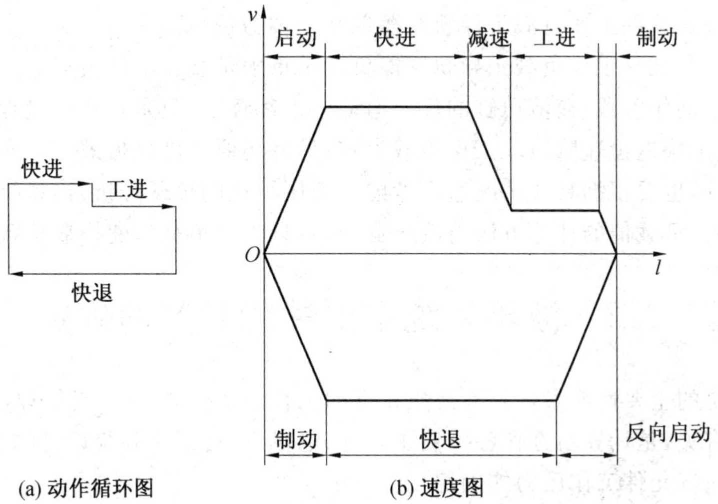

(a) 动作循环图　　(b) 速度图

图 2.2　进给油缸的动作循环图和速度图

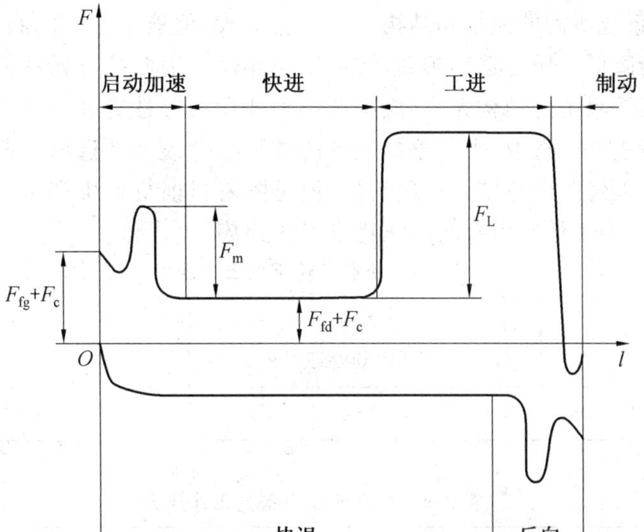

图 2.3　液压缸负载图

液压缸在做直线往复运动时，要克服以下负载：工作负载、导轨摩擦负载、惯性负载、重力负载、密封负载和背压负载。在不同的动作阶段，负载的类型和大小是不同的。

启动阶段负载＝导轨摩擦负载＋重力负载

加速阶段负载＝惯性负载＋导轨摩擦负载＋重力负载

恒速阶段负载＝工作负载＋导轨摩擦负载＋重力负载

制动阶段负载＝工作负载＋导轨摩擦负载＋重力负载－惯性负载

上述四个动作阶段，在液压缸的反向运动中也都存在，只是在快退过程中不存在工作负载，因此整个快退恒速阶段取工作负载为零；另外还要考虑机械效率。密封负载和背压负载总是有的，也要根据具体情况适当考虑。液压马达的负载分析：当系统以液压马达作为执行元件时，负载值的计算方法与液压缸相同，只需将负载力变换成负载力矩即可。

2.2 液压系统主要性能参数的确定

液压系统的主要性能参数是指液压元件的工作压力 p 和最大流量 Q，它们均与元件的结构尺寸有关，是计算与选择各种液压元件、电机，进行液压系统设计的主要依据。

1. 液压执行元件工作压力的确定

液压执行元件的工作压力是指液压执行元件的输入压力。在确定液压执行元件的结构尺寸时，一般要先选择好液压执行元件的工作压力。工作压力选得低，执行元件的尺寸则大，整个液压系统所需的流量和结构尺寸也会变大，但液压元件的制造精度、密封要求与维护要求将会降低。压力选得越高，结果则越相反。因此执行元件的工作压力的选取将直接关系到液压系统的结构大小、成本高低和使用可靠性等多方面的因素。一般可根据最大负载参考表 2.1 选取，也可根据设备的类型参考表 2.2 选取。这里要强调的是表里的数据都是前人经验的总结，不可轻视。但是随着目前材料生产水平和液压技术水平的提高，液压系统的工作压力有向高压化发展的趋势。

表 2.1 负载条件下的工作压力

负载 F/N	＜5 000	5 000～10 000	10 000～20 000	20 000～30 000	30 000～50 000	＞50 000
液压缸工作压力 p/MPa	0.8～1	1.5～2	2.5～3	3～4	4～5	5～7

表 2.2 常用液压设备的工作压力

设备类型	机床				农业机械、小型工程机械	液压机、挖掘机、重型机械、起重机械
	磨床	车、铣、刨床	组合机床	拉床、龙门刨床		
工作压力 p/MPa	0.8～2	2～4	3～5	＜10	10～15	20～32

2. 液压执行元件主要结构参数的确定

要确定液压执行元件的最大流量，必须先确定执行元件的结构参数。这里主要指液压缸的有效工作面积 A_1、A_2，活塞直径 D 及活塞杆直径 d。液压执行元件的结构参数首先应满足所要克服的最大负载和速度的要求。例如，图 2.4 所示为一单杆活塞缸，其无杆腔和有杆腔的有效作用面积分别为 A_1 和 A_2，当最大负载为 F_{max} 时的进、回油腔压力分别为 p_1 和 p_2，这时活塞上的力平衡方程应为

$$p_1 A_1 = p_2 A_2 + F_{max} \tag{2.1}$$

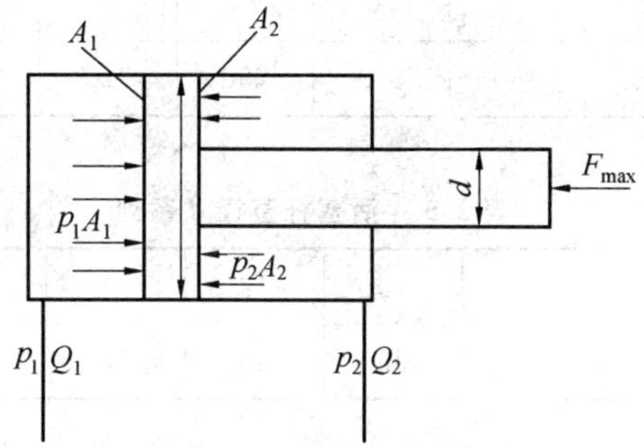

图 2.4　单杆活塞缸参数确定简图

液压缸内径 D 和活塞杆直径 d 可根据最大总负载和选取的工作压力来定，对单杆缸而言，无杆腔进油并不考虑机械效率时，可得

$$D = \sqrt{\frac{4F_1}{\pi(p_1 - p_2)} - \frac{d^2 p_2}{p_1 - p_2}} \tag{2.2}$$

有杆腔进油并不考虑机械效率时，可得

$$D = \sqrt{\frac{4F_2}{\pi(p_1 - p_2)} + \frac{d^2 p_1}{p_1 - p_2}} \tag{2.3}$$

一般情况下，选取回油背压 $p_2 = 0$，这时，上面两式便可简化，即无杆腔进油时

$$D = \sqrt{\frac{4F_1}{\pi p_1}} \tag{2.4}$$

有杆腔进油时

$$D = \sqrt{\frac{4F_2}{\pi p_1} + d^2} \tag{2.5}$$

式(2.5) 中的杆径 d 可根据工作压力选取，见表 2.3、表 2.5；当液压缸的往复速度比有一定要求时，由式(2.5) 得杆径为

$$d = D\sqrt{\frac{\Psi - 1}{\Psi}} \tag{2.6}$$

计算所得的液压缸内径 D 和活塞杆直径 d 应圆整为标准系列，参见表 2.4、表 2.5 。

推荐液压缸的速度比见表 2.6、表 2.7。

表 2.3　液压缸工作压力与活塞杆直径　　mm

液压缸工作压力 p/MPa	$\leqslant 5$	$5 \sim 7$	> 7
推荐活塞杆直径	$(0.5 \sim 0.55)D$	$(0.6 \sim 0.7)D$	$0.7D$

表 2.4　液压缸内径 D 系列　　mm

8	10	12	16	20	25	32	40	50	63
80	100	125	160	200	250	320	400	500	

表 2.5　活塞杆直径 d 系列　　mm

4	5	6	8	10	12	14	16	18	20
22	25	28	32	36	40	45	50	56	63

表 2.6　液压缸往复速度比推荐值

液压缸工作压力 p/MPa	$\leqslant 10$	$1.25 \sim 20$	> 20
往复速度比 Ψ	1.33	$1.46 \sim 2$	2

表 2.7　液压缸速度比值系列

1.06	1.12	1.25	1.4	1.6	2	2.5	5

液压缸的缸筒长度 L 由活塞最大工作行程、活塞长度、活塞杆导向套长度、活塞杆密封长度和特殊要求的长度之和来确定。其中活塞长度为 $(0.6 \sim 1.0)D$；导向套长度为 $(0.6 \sim 1.5)d$。为减少加工难度，一般液压缸缸筒长度不应大于内径的 20～30 倍。液压缸缸筒长度 L 应圆整为标准系列，参见表 2.8。

表 2.8　活塞行程系列　　mm

25	50	80	100	125	160	200	250	320	400	500

在 D、d 圆整后，应由式 $A_1 = \pi D^2/4$ 和 $A_2 = \pi(D^2 - d^2)/4$ 重新求出 A_1 和 A_2，则此时液压缸两腔的有效工作面积 A_1、A_2 已初步确定。

液压缸两腔的有效工作面积除了要满足最大负载和速度要求外，还需满足系统中流量控制阀最小稳定流量 $Q_{v_{\min}}$ 的要求，以满足系统的最低速度 $v_{\min}$ 要求。因此还需对液压缸的有效工作面积 A_1（或 A_2）进行验算，即

$$A_1（或 A_2）\geqslant \frac{Q_{v_{\min}}}{v_{\min}} \tag{2.7}$$

式中 $Q_{v_{\min}}$ 可由阀的产品样本中查得。若经验算 D、d 不满足式(2.7)，则需重新修改计算 D、d、A_1、A_2，一般经验算 D、d 不满足式(2.7)，都是因为 D 小了，加大 D，v 下降，直至满足式(2.7) 为止，才能最后确定液压缸的有效工作面积。

3. 液压马达的排量计算与选择

当执行元件是液压马达时，它要克服的负载是转矩，它的主要结构参数是排量 q。液压马达的排量 q_M 也根据最大负载转矩 $T_{\max}$ 来确定。根据要求的转速和转矩按照公式

$$n = \frac{Q}{q_M} \cdot \eta_V \tag{2.8}$$

$$\rho = \frac{m}{V} \tag{2.9}$$

来确定马达的排量 q_M，即可查表选择液压马达。

4. 液压执行元件的主要性能参数与工况图

根据主机的工作循环，结合不同阶段的工作回路，算出不同阶段中液压执行元件的实际工作压力、流量和功率，然后将它们整理成液压执行元件的工况图。液压执行元件的工况图主要包括三条曲线：压力循环 $p-t$ 图（或 $p-l$ 图）、流量循环 $Q-t$ 图（或 $Q-l$ 图）和功率循环 $N-t$ 图（或 $N-l$ 图），如图 2.5 所示。当系统为多液压执行元件时，其工况图应是各个执行元件工况图的综合。

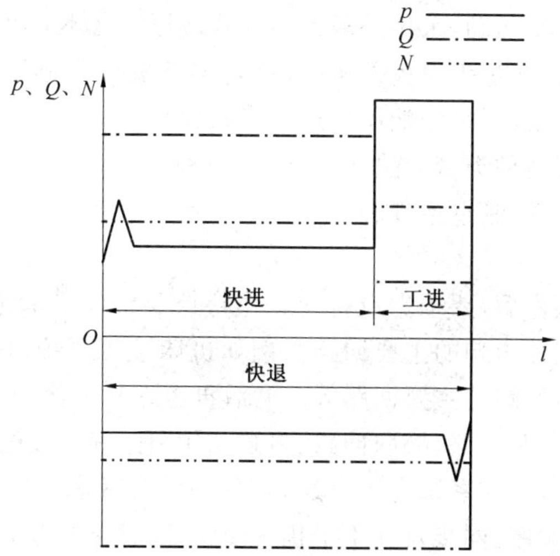

图 2.5　执行元件工况图

液压执行元件的工况图对进一步设计和修改系统是非常重要的，它的作用主要有以下两个方面：

(1) 工况图中的最大压力和最大流量将直接影响液压泵和液压控制阀等液压元件的最大压力和流量，因此它是选择液压泵、电动机、液压控制元件和辅助元件的原始依据。

(2) 工况图中不同阶段的压力和流量变化情况是液压回路选择的依据。例如工况图中反映整个工作循环中流量、压力变化较大，而且高压小流量的时间占的比例较大，这样在较大功率时采用单个定量泵供油就不太合适，可以考虑一大一小的双联泵供油或限压式变量泵供油等方案。当然工况图所确定的液压系统的主要参数也反映了原来考虑的回路和参数设计的合理性，它是进一步修改系统和系统参数的依据。

2.3 拟订液压系统原理图

拟订液压系统原理图是液压系统设计工作中关键的一步，它将影响设计方案的先进性、经济性、合理性。一般是先根据主机工作部件的运动要求，确定液压执行元件的类型，然后根据动作和性能要求，选择液压基本回路，最后将各个基本回路组合成一个完整的液压系统。

1. 确定液压执行元件的类型

在拟订液压系统原理图时，首先要根据主机运动部件的运动要求来确定液压执行元件的类型。一般来说，对于直线往复运动，可选用液压缸；对于连续回转运动，可选用液压马达，对于摆动运动，可采用摆动液压缸。但在选择液压执行元件类型时，除了对运动形式有要求外，还应注意其运动范围和性能要求，注意运动形式还可通过适当的机械机构进行转换。例如长行程的往复运动，采用一般的活塞式液压缸就不合适了，可以采用柱塞式液压缸，也可采用液压马达通过齿轮齿条机构、链轮链条机构或螺母螺杆机构来实现，对于有限角度的连续回转运动，可采用液压缸通过齿条齿轮机构或棘爪棘轮机构，配合超越离合器来实现。具体采用何种类型的执行元件，配何种机械机构实现主机所要求的运动要全面考虑主机的安装条件、制造条件和经济性等因素来确定。

2. 选择液压基本回路

在确定了液压执行元件后，要根据设备的工作特点及设计要求选择基本回路。首先要选择对主机性能起决定性影响的主要回路。例如机床液压系统，调速回路是系统的核心；压力机液压系统，调压回路是主要回路等。然后再考虑其他功能回路。如快速运动回路与速度换接回路、压力控制回路、换向回路、多缸动作回路等。在选择各基本回路时，要仔细研究系统的设计要求，例如系统有垂直运动部件时，要考虑平衡回路；有多个执行元件时，要考虑相应的动作顺序、同步及互不干扰等回路；同时也要考虑节能、发热、冲击、保压、动作的换接和定位精度等问题。

选择回路时可能有多种方案，这时需要反复对比，还应多参考或吸收同类设备液压系统中回路选择的成熟经验。

3. 液压系统的综合和论证

在选定了各种满足系统要求的液压基本回路后，就可进行液压系统的合成工作。也就是将各基本回路放在一起，在满足功能要求的前提下进行归并、整理。必要时再增加一些液压元件和辅助油路，使之成为一个完整的液压系统。在进行这项工作时必须注意以下几点：

(1) 应保证其工作循环中的每个动作都安全可靠，不互相干扰；

(2) 尽可能省去不必要的、重复的元件，以简化系统结构；

(3) 尽可能提高系统效率，防止系统过热；

(4) 尽可能使系统经济、合理，便于维修检测；

(5) 尽可能采用标准元件，减少自行设计的专用元件。

最后综合出来的液压系统有多种方案时，还需要反复对比。这就是进行系统方案的论证比较。

2.4　计算和选择液压元件

液压元件的计算就是计算该元件在整个工作循环中所承受的最高压力和通过的最大流量，以便选择和确定元件的型号与规格。选择和确定元件的型号与规格，可根据需要查设计手册和产品样本进行选用。

至于如何查找设计手册和产品样本，设计手册和产品样本上均有说明。在此处若要说明如何查找，则需要很多的篇幅，故不赘述，而由老师面授指导。

1. 液压泵和电机型号与规格的选择

(1) 液压泵的计算和选择。

① 确定液压泵的最大工作压力 p_B，压力取决于外负载：$p_B = F/A$。

② 确定液压泵供油流量 Q_B，流量取决于速度：$Q_B = vA$。

③ 选择液压泵的规格。

这里必须指出，在负载推力和速度一定的前提下，如果液压泵的最大工作压力 p_B 选择高一些，液压缸的尺寸规格 D 就可以小一些，由此工作速度 v 就会提高，因而液压泵的尺寸规格 Q_B 就可以小一些。所以压力高，则结构紧凑、体积小；压力低，则结构松散、体积大。一般要综合考虑选择适中为好。

液压泵供油流量 Q_B 必须大于或等于同时工作的执行元件流量与回路总泄漏量的最大值$(\sum Q_i)_{\max}$之和，即

$$Q_B = \sum Q + \left(\sum Q_i\right)_{max}$$

在参照产品样本选取液压泵的规格时，泵的额定压力应选得比上述最大工作压力高 20% ～ 60%，以便留有一定的压力储备；额定流量则只需满足上述最大流量即可。

(2) 确定液压泵驱动电机。

选择液压泵驱动电机主要是确定电动机的功率，并且要注意电动机的转速应与液压泵额定转速相适应。在确定电动机功率时，应考虑实际工况的差异。在整个工作循环中，泵的功率变化较小，或者功率变化虽然较大，但大功率持续时间较长，就可根据泵的最大功率点来选择电动机：$N = pQ$。

2. 液压阀的选择

液压阀的规格是根据系统的最高工作压力和通过该阀的最大实际流量从产品样本中选取。一般要求所选阀的额定压力要大于系统的最高工作压力，所选阀的额定流量要大于通过该阀的最大实际流量。如果通过该阀的流量超过所选阀额定流量的 20%，将会引起过大的压力损失、发热、噪声及性能下降。此外，还应注意阀的结构形式、压力等级、连接方式、集成方式及操纵方式等。

选择压力阀时应考虑调压范围、流量变化范围及压力平稳性等；选择流量阀时应考虑流量调节范围、最小稳定流量、最高工作压力、最小压差、阀对压差和温度变化的补偿作用、对清洁度的要求等；选择方向控制阀时，除了考虑压力、流量外，还应考虑其中位机能、换向频率、阀口的压力损失和内泄漏等。

3. 液压辅件的选择

(1) 油管的计算和选择。

油管内径尺寸一般可参照选用的液压元件接口尺寸而定，也可以按管路允许流速进行计算，如果流量 $Q = 12\ \mathrm{L/min}$，吸油管的允许流速取 $v = 1.5\ \mathrm{m/s}$，则吸油管内径 d 为

$$d/\mathrm{cm} = \left(\frac{4Q}{\pi v}\right)^{\frac{1}{2}} = \left(\frac{4 \times 12 \times 10^{-3}}{3.14 \times 1.5 \times 60}\right)^{\frac{1}{2}} \times 10^2 \approx 1.3$$

可选内径为 $d = 12\ \mathrm{mm}$ 的油管。

(2) 确定油箱的有效容量。

为了使油液有足够的容积进行热交换，油箱要有足够的有效容量（油面高度为油箱高度 80% 的容量），油箱的有效容量应根据液压系统的发热、散热平衡的原则来计算，但一般油箱的有效容量 V 可按下面推荐数值估取：

低压系统（$p < 2.5\ \mathrm{MPa}$）　$V = (2 \sim 4)Q_B$

中压系统（$p < 6.3\ \mathrm{MPa}$）　$V = (5 \sim 7)Q_B$

高压系统（$p > 6.3\ \mathrm{MPa}$）　$V = (10 \sim 12)Q_B$

式中的 Q_B 为液压泵每分钟输出的油液体积值。

中压以上系统（如工程、建筑机械等液压系统）都带有散热装置，其油箱容量可适当

减少。按以上公式确定油箱容积，在一般情况下都能保证正常工作。但在功率较大而又连续工作的工况下，需经发热量验算后确定。

(3) 滤油器、蓄能器等的选用。

滤油器、蓄能器等可根据需要的类型和规格，查设计手册和产品样本选用。

2.5　液压系统的性能验算

液压系统设计初步完成后，应对系统得到的技术性能指标进行一些必要的验算，以便初步判断设计的质量；或从几个方案中评选出最好的设计方案。然而由于影响系统性能的因素较多且较复杂，加上具体的液压装置尚未设计出来，所以现在的验算工作只能是采用一些简化公式近似估算。估算内容一般包括系统压力损失、系统效率、系统发热和温升、液压冲击等。对于要求较高的液压系统，还要进行动态性能验算或计算机仿真。目前对于大多数液压系统，一般只采用一些简单公式进行近似估算，以便定性地说明情况。

1. 液压系统的压力损失验算

在前面确定液压泵的最高工作压力、执行元件的各项参数时均提及压力损失，当时由于系统没有完全设计完毕，元件、管道等设置也没有确定，因此只能作粗略的估算。现在元件、管道、安装形式均已基本确定，所以需要验算一下系统各部分的压力损失，看其是否在前述假设的范围内，以便较准确地调节变量泵、溢流阀和各种压力阀。

液压系统压力损失包括管道内的沿程损失和局部损失，以及阀类元件的局部损失三项。计算系统压力损失时，可按不同的工作阶段分开进行。回油路上的压力损失可折算到进油路上。某一工作阶段液压系统总的压力损失为

$$\sum \Delta p_l = \sum \Delta p_1 + \sum \Delta p_2 \left(\frac{A_d}{A_D}\right) \tag{2.10}$$

式中　$\sum \Delta p_1$—— 系统进油路的总压力损失；

$\sum \Delta p_2$ —— 系统回油路的总压力损失；

A_d, A_D—— 液压缸进、回油腔面积。

系统进油路的总损失，可用下式计算：

$$\sum \Delta p_1 = \sum \Delta p_{11} + \sum \Delta p_{12} + \sum \Delta p_{1v} \tag{2.11}$$

式中　$\sum \Delta p_{11}$—— 进油路总的沿程损失；

$\sum \Delta p_{12}$ —— 进油路总的局部损失；

$\sum \Delta p_{1v}$—— 系统进油路上阀的总损失。

系统进油路上阀和滤油器的损失，可由下式计算：

$$\sum \Delta p_{1v} = \sum \Delta p_{H} \left(\frac{Q}{Q_{H}}\right)^{2} \tag{2.12}$$

式中　$\sum \Delta p_{H}$—— 阀和滤油器的额定压力损失，可从有关样本查到；

Q—— 通过阀和滤油器的实际流量；

Q_{H}—— 阀和滤油器的额定流量。

系统回油路的总压力损失，可用下式计算：

$$\sum \Delta p_{2} = \sum \Delta p_{21} + \sum \Delta p_{22} + \sum \Delta p_{2v} \tag{2.13}$$

式中　$\sum \Delta p_{21}$ —— 回油路总的沿程损失；

$\sum \Delta p_{22}$—— 回油路总的局部损失；

$\sum \Delta p_{2v}$—— 回油路上阀和滤油器的总损失，计算方程同进油路。

进油路和回油路的沿程和局部阻力损失，可用下式计算：

$$\Delta p_{11}/\text{MPa} = \Delta p_{21} = \lambda \rho \frac{l}{d} \times \frac{v^{2}}{2} \times 10^{-6} \tag{2.14}$$

$$\Delta p_{12}/\text{MPa} = \Delta p_{22} = \zeta \rho \frac{v^{2}}{2} \times 10^{-6} \tag{2.15}$$

式中　λ—— 沿程阻力系数；

ζ—— 局部阻力系数；

ρ—— 油的密度，一般取 $\rho = 900\ \text{kg/m}^3$；

l、d—— 通过管路长度和内径，m，由管路布置决定；

v—— 通过管路和局部处流速，m/s。

由以上计算可得出液压泵出口压力为

$$p_{B} \geqslant p_{1} + \sum \Delta p_{1}$$

式中　p_{1}—— 液压缸或液压马达入口压力。

如果计算结果与原假设相差过大，为保证系统正常工作，则应对原设计进行修正。

2. 系统总效率估算

液压系统总效率 η 与液压泵的总效率 η_{B}、回路总效率 η_{1} 及执行元件总效率 η_{m} 有关，其关系式为

$$\eta = \eta_{B} \eta_{1} \eta_{m} \tag{2.16}$$

各种形式的液压泵和液压马达的总效率可查阅有关样本和手册，液压缸的总效率可参阅表 2.9 选取。回路总效率可按下式计算：

$$\eta_{1} = \frac{\sum p_{1} Q_{1}}{\sum p_{B} Q_{B}} \tag{2.17}$$

式中　$\sum p_1Q_1$—— 同时动作的液压执行元件的工作压力和输出流量乘积的总和；

$\sum p_BQ_B$—— 同时供应的液压泵的出口压力和输出流量乘积的总和。

表 2.9　液压缸空载启动压力和效率

活塞密封圈形式	p_{min}/MPa	η_m
O,L,U,X,Y	0.3	0.96
V	0.5	0.94
活塞环密封	0.1	0.985

系统管路总效率 η_l 由其压力效率 η_{lp} 和容积效率 η_{lV} 的乘积来计算，即

$$\eta_l = \eta_{lp}\eta_{lV} \tag{2.18}$$

$$\eta_{lp} = \frac{p_B - \Delta p}{p_B} \tag{2.19}$$

$$\eta_{lV} = \frac{Q_B - \Delta q_l}{Q_B} \tag{2.20}$$

式中　p_B—— 泵的最大工作压力；

Q_B—— 泵输出最大流量；

Δq_l—— 除泵和执行元件之外，系统中所有阀类的内泄漏流量，可通过孔口和缝隙流量方法计算。

系统在一个工作循环周期内的平均回路总效率由下式计算：

$$\eta_{cb} = \frac{\sum \eta_{ci} t_i}{T} \tag{2.21}$$

式中　η_{ci}—— 各个工作阶段的回路总效率；

t_i—— 各个工作阶段的持续时间；

T —— 整个工作循环的周期。

3. 液压系统的发热及温升验算

液压系统在工作过程中的功率损失全部转化为热量。液压系统发热，油温升高，造成系统性能的变化，因此系统必须将油温控制在允许的范围内。系统的发热量要进行准确计算一般很困难，工程上常用的近似计算方法是 —— 液压系统的输入功率与输出功率之差就是系统运行中的能量损失，也就是系统产生的发热功率。当发热功率和散热功率平衡，系统油温就稳定在某一最高值。液压系统的允许油温与液压油的粘温性有关。目前一般允许的正常工作油温是 50 ～ 80 ℃，最高允许油温是 70 ～ 90 ℃。

(1) 系统总发热功率 ΔN。

可按下面简化方法进行计算：

$$\Delta N = N_i - N_o = N_B(1-\eta_p) \quad (2.22)$$

式中　N_i—— 液压系统的输入功率；

N_o—— 液压系统的输出功率；

N_B—— 液压泵的输出功率；

η_p—— 液压系统的总效率。

(2) 系统的散热功率。

一般可认为系统产生的热量全部由油箱表面散发，故系统散热功率 ΔN_0 可由下式计算：

$$\Delta N_0 = kA(t_1 - t_2) \times 10^{-3} \quad (2.23)$$

式中　k—— 油箱散热系数，$W/(m^2 \cdot ℃)$，见表 2.10；

A—— 油箱散热面积，m^2；

t_1、t_2—— 系统中工作介质温度和环境温度，℃。

表 2.10　油箱散热系数 k

散热条件	散热系数	散热条件	散热系数
通风很差	8 ～ 9	风扇冷却	23
通风良好	15 ～ 17.5	循环水冷却	110 ～ 175

(3) 系统温升。

当系统的发热功率 ΔN 等于系统的散热功率 ΔN_0 时，系统达到热平衡，系统温升为

$$\Delta t = \frac{\Delta N}{kA} \times 10^3 \quad (2.24)$$

式中　Δt—— 温差，℃，$\Delta t = t_1 - t_2$。

当油箱的三边的尺寸比例为1∶1∶1～1∶2∶3，油液高度为油箱高度的80%，且油箱通风良好时，油箱的散热面积 $A(m^2)$ 可用下式计算：

$$A = 6.5\sqrt[3]{V^2} \quad (2.25)$$

式中　V—— 油箱的有效容积，m^3。

表2.11给出各种机械允许的温升值，若按式(2.24)计算出的系统温升超过表中数值时，需增加油箱散热面积或增设冷却装置。

表 2.11　各种机械允许的温升值　　℃

<table>
<tr><th>设备类型</th><th>正常工作温度</th><th>最高允许温度</th><th>油和油箱允许温度</th></tr>
<tr><td>数控机床</td><td>30 ～ 50</td><td>55 ～ 70</td><td>≤ 25</td></tr>
<tr><td>一般机床</td><td>30 ～ 55</td><td>55 ～ 70</td><td>30 ～ 35</td></tr>
<tr><td>船舶</td><td>30 ～ 60</td><td>80 ～ 90</td><td rowspan="4">35 ～ 40</td></tr>
<tr><td>机车车辆</td><td>40 ～ 60</td><td>70 ～ 80</td></tr>
<tr><td>冶金车辆、液压机</td><td>40 ～ 70</td><td>60 ～ 90</td></tr>
<tr><td>工程机械、矿山机械</td><td>50 ～ 80</td><td>70 ～ 90</td></tr>
</table>

当系统需要设置冷却装置时，冷却器的散热面积可按下式计算：

$$A_C = \frac{\Delta N - \Delta N_0}{k_C \Delta t_m} \times 10^3 \tag{2.26}$$

$$\Delta t_m = \frac{t_{j1} - t_{j2}}{2} - \frac{t_{w1} - t_{w2}}{2} \tag{2.27}$$

式中　k_C—— 冷却器的散热系数，W/(m^2 · ℃)，可查阅有关样本；

Δt_m—— 平均温升，℃；

t_{j1}、t_{j2}—— 工作介质进、出口温度，℃；

t_{w1}、t_{w2} —— 冷却水或风的进、出口温度，℃。

液压缸设计、液压泵站设计、液压油路的集成化设计，将分别在第 3 ～ 5 章中详细介绍，此处不再赘述。

2.6　绘制工作图编写技术文件及提交说明书

1. 绘制工作图，编写技术文件

经验算修正后的液压系统即可绘制正式的液压系统工作原理图和编写技术文件。

(1) 技术文件一般包括液压系统工作原理图，液压系统装配图，液压缸等非标准元件的装配图、零件图。液压系统设计计算说明书，液压系统操作使用说明书，标准件、外购件明细表，非标准件明细表。

(2) 液压系统工作原理图中包括各执行元件的工作循环图、电磁铁与行程阀动作顺序表、液压元件明细表。在液压元件明细表中应标明各种液压元件的型号、规格、数量。

(3) 液压系统装配图是液压系统正式安装、施工的图纸，包括液压泵站(包括液压泵、电动机、油箱组件和控制阀集成配置等) 的装配图、管路装配图等。管路装配图可以是示意图，也可以是实际结构图。一般只绘制示意图说明管道的走向，但是要表明液压元件、部件的定位和固定方式，注明管道的材质、规格、长度、管接头型号，要提出装配技术要求。液压系统装配图也与其他装配图一样，要填写明细表，明细表中的非标准件要编制图号，确定材料、数量等，标准件要注明代号、标准、数量等，外购件要注明型号规格、数量等。实际的液压系统设计程序到此完成，可以送到工厂加工制造。

2. 提交液压课程设计说明书

因为学生是做课程设计，只要求把整个的设计过程搞清楚，按给定的标准格式模板提交液压系统课程设计说明书就可以了。

液压课程设计说明书要求文字简练、逻辑清晰、插图工整、运算正确。说明书中必须有：① 液压缸的负载图和速度图；② 执行元件的工况图；③ 液压系统工作原理图；④ 电磁铁动作顺序表；⑤ 液压元件明细表；⑥ 液压缸或液压泵站的装配图、集成块的零件图。

第3章 液压缸设计

3.1 设计内容

液压缸是标准件，一般可以根据需要查设计手册进行选择，但有时也需要自行设计。液压缸的设计是整个液压系统设计的重要内容之一，是在对所设计的液压系统进行工况分析、负载计算确定了工作压力的基础上进行的。根据液压缸所选定的工作压力和流量，参考同类型液压缸的技术资料和使用情况以及有关国家标准和技术规范等，不同的液压缸有不同的设计内容和要求。设计液压缸的主要内容为：

(1) 根据需要的推力计算液压缸内径及活塞杆直径等主要参数；

(2) 确定各部分结构，其中包括密封装置、缸筒与缸盖的连接、活塞结构以及缸筒的固定形式等，进行工作图设计。一般在设计液压缸的结构时应注意以下几个问题：

① 在保证满足设计要求的前提下，尽量使液压缸的结构简单紧凑，尺寸小，尽量采用推荐的结构形式和标准件，使设计、制造容易，装配、调整、维护方便；

② 应尽量使活塞杆在受拉力的情况下工作，以免产生纵向弯曲；

③ 正确确定液压缸的安装、固定方式，液压缸只能一端固定；

④ 当液压缸很长时，应防止活塞杆由于自重产生过大的下垂而使局部磨损加剧。

(3) 液压缸结构设计完成后，应对液压缸的强度、缸壁厚度、稳定性进行验算校核。

液压缸的主要尺寸包括液压缸的内径 D、缸的长度 L、活塞杆直径 d。主要根据液压缸的负载、活塞运动速度和行程等因素来确定上述参数。

3.2 工作压力的确定

液压缸要承受的负载包括有效工作负载、摩擦阻力和惯性力等。液压缸的工作压力按负载确定。对于不同用途的液压设备，由于工作条件不同，采用的压力范围也不同。设计时，液压缸的工作压力可按负载大小及液压设备类型参考表2.1、表2.2确定，同时还要按照表3.1的系列进行圆整。

表3.1　液压缸的公称压力 GB 7938—87　　MPa

0.63	1.0	1.6	2.5	4.0	6.3	10.0	16.0	25.0	31.5	40.0

3.3　主要尺寸的确定

液压缸主要尺寸是液压缸内径 D 和活塞杆直径 d，根据最大总负载和选取的工作压力确定，在2.2节中已经详细说明，应用式(2.1)～式(2.6)和表2.1～表2.8即可完成，这里不再重复。

3.4　校　　核

1.缸筒壁厚的验算

缸筒是液压缸中最重要的零件，当液压缸工作压力较高和缸内径较大时，必须进行强度校核。中、高压液压缸一般用无缝钢管做缸筒，大多属薄壁筒，即 $\delta/D \leqslant 0.08$，此时，可根据材料力学中薄壁圆筒的计算公式验算缸筒的壁厚 δ，即

$$\delta \geqslant \frac{p_{\max}D}{2[\sigma]} \tag{3.1}$$

当 $\delta/D \geqslant 0.3$ 时，可用下式校核缸筒壁厚

$$\delta \geqslant \frac{D}{2}\left(\sqrt{\frac{[\sigma]+0.4p_{\max}}{[\sigma]-1.3p_{\max}}}-1\right) \tag{3.2}$$

当液压缸采用铸造缸筒时，壁厚由铸造工艺确定，这时应按厚壁圆筒计算公式验算壁厚。当 $\delta/D=0.08 \sim 0.3$ 时，可用下式校核缸筒的壁厚

$$\delta \geqslant \frac{p_{\max}D}{2.3[\sigma]-3p_{\max}} \tag{3.3}$$

式中　D——缸筒内径；

$[\sigma]$——缸筒材料许用应力；

$p_{\max}$——缸筒内的最高工作压力。

2.活塞杆的稳定性计算与校核

活塞杆受轴向压力作用时，有可能产生弯曲，当此轴向力达到临界值 F_j 时，会出现不稳定现象。临界值 F_j 的大小与活塞杆长度、直径以及液压缸安装方式等因素有关。当活

塞杆长度 $L \geqslant 10d$ 时，才进行活塞杆的纵向稳定性计算。使液压缸保持稳定的条件为

$$F \leqslant \frac{F_{cr}}{n_{cr}} \tag{3.4}$$

式中　F—— 液压缸承受的轴向压力，N；

F_{cr}—— 液压缸不产生弯曲变形的临界力，N；

n_{cr}—— 稳定性安全系数，一般取 $n_{cr} = 2 \sim 6$。

(1) 当细长比 $l/k > m\sqrt{i}$ 时，为

$$F_{cr} \leqslant \frac{i\pi^2 EJ}{l^2} \tag{3.5}$$

(2) 当细长比 $l/k < m\sqrt{i}$ 且 $m\sqrt{i} = 20 \sim 120$ 时，为

$$F_{cr} = \frac{fA}{1 + \frac{a}{i} \cdot \frac{l}{k}} \tag{3.6}$$

式中　l—— 安装长度，m，其值与安装形式有关；

k—— 活塞杆最小截面的惯性半径，m，$k = \sqrt{l/A}$；

m—— 柔性系数，对钢取 $m = 85$；

i—— 由液压缸支承方式决定的末端系数，其值可参考有关文献；

E—— 活塞杆材料的弹性模量，Pa，对钢取 $E = 2.06 \times 10^{11}$ Pa；

J—— 活塞杆最小截面的惯性矩，$kg \cdot m^2$；

f—— 由材料强度决定的实验值，对钢取 $f \approx 4.9 \times 10^8$ Pa；

A—— 活塞杆最小截面的面积，m^2；

a—— 实验常数，对钢取 $a = 1/5\,000$。

(3) 当细长比 $l/k < 20$ 时，液压缸具有足够的稳定性，不必校核。

3.5　结构设计

液压缸的设计是在对所设计的液压系统进行工况分析、负载计算和确定了其工作压力的基础上进行的。首先根据使用要求确定液压缸的类型，再按负载和运动要求确定液压缸的主要结构尺寸，必要时需进行强度验算，最后进行结构设计。

1 液压缸的典型结构形式

图 3.1 为单活塞杆液压缸结构图。它主要由缸底 1、缸筒 7、缸盖 14、活塞 21、活塞杆 8 和导向套 12 等组成。缸筒与缸底、缸头采用法兰连接，缸头与缸盖采用螺纹连接。活塞与活塞杆采用子午紧固套连接。为了保证液压缸的可靠密封，在相应部位设置了密封圈 4、9、13、17、20、23 和防尘圈 16。图 3.1 表明，液压缸一般由后端盖、缸筒、活塞杆、活

塞组件、前端盖等主要部分组成；为防止油液向液压缸外泄或由高压腔向低压腔泄漏，在缸筒与端盖、活塞与活塞杆、活塞与缸筒、活塞杆与前端盖之间均设置有密封装置，在前端盖外侧，还装有防尘装置；为防止活塞快速退回到行程终端时撞击后缸盖，液压缸端部还设置缓冲装置；有时还需设置排气装置。

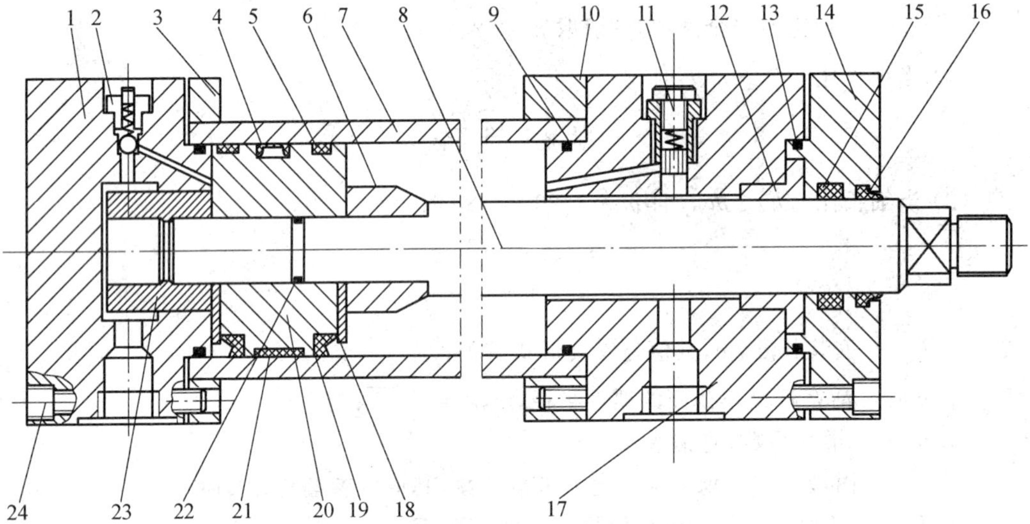

图 3.1　单活塞杆液压缸结构图

1—缸底；2—带放气孔的单向阀；3—法兰；4—Yx 型密封圈；5—导向环；6—缓冲套；7—缸筒；8—活塞杆；9—O 型密封圈；10—法兰；11—缓冲节流阀；12—导向套；13—O 型密封圈；14—缸盖；15—端盖密封圈；16—防尘圈；17—缸头；18—护环；19—Yx 型密封圈；20—活塞；21—导向环；22—O 型密封圈；23—紧固套；24—沉头螺钉

进行液压缸设计时，根据工作压力、运动速度、工作条件、加工工艺及装拆检修等方面的要求，往往综合考虑液压缸的各部分结构。

2. 液压缸的结构设计

从上面的例子可以看出，液压缸的结构可分为缸体组件、活塞组件、密封装置以及缓冲装置、排气装置五个主要部分。

(1)缸体组件。

缸筒是液压缸的主体，其内孔一般采用镗削、铰孔、滚压或珩磨等精密加工工艺制造，要求表面粗糙度为 0.1～0.4 μm，使活塞及其密封件、支承件能顺利滑动，从而保证密封效果，减少磨损；缸筒要承受很大的液压力，因此，应具有足够的强度和刚度。端盖装在缸筒两端，与缸筒形成封闭油腔，同样承受很大的液压力，因此，端盖及其连接件都应有足够的强度。设计时既要考虑强度，又要选择工艺性较好的结构形式。导向套对活塞杆或柱塞起导向和支承作用，有些液压缸不设导向套，直接用端盖孔导向，这种结构简单，但磨损后必须更换端盖。缸筒、端盖和导向套的材料选择和技术要求可参考液压设计手册。常见的缸体与缸盖的连接结构如图 3.2 所示。

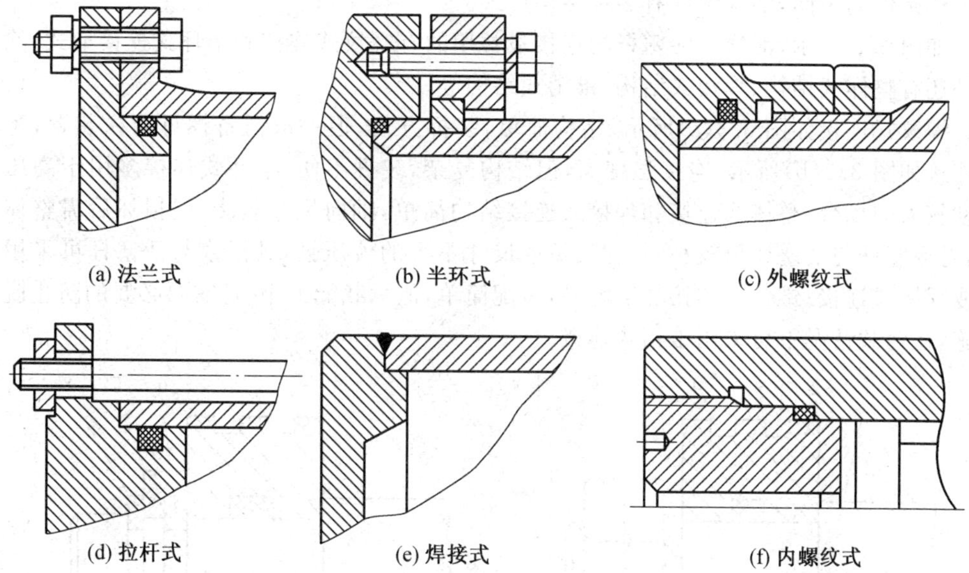

图 3.2　缸体与缸盖的连接结构

①法兰式连接，如图 3.2(a)所示，结构简单，加工方便，连接可靠，但是要求缸筒端部有足够的壁厚，用以安装螺栓或旋入螺钉。缸筒端部一般用铸造、镦粗或焊接方式制成粗大的外径，它是一种常用的连接形式。

②半环式连接，如图 3.2(b)所示，分为外半环连接和内半环连接两种连接形式，半环连接工艺性好，连接可靠，结构紧凑，但削弱了缸筒强度。半环式连接应用十分普遍，常用于无缝钢管缸筒与端盖的连接中。

③螺纹式连接，如图 3.2(c)、3.2(f)所示，有外螺纹连接和内螺纹连接两种，其特点是体积小，重量轻，结构紧凑，但缸筒端部结构较复杂，这种连接形式一般用于要求外形尺寸小，重量轻的场合。

④拉杆式连接，如图 3.2(d)所示，结构简单，工艺性好，通用性强，但端盖的体积和重量较大，拉杆受力后会拉伸变长，影响密封效果。只适用于长度不大的中、低压液压缸。

⑤焊接式连接，如图 3.2(e)所示，强度高，制造简单，但焊接时易引起缸筒变形。

这里要特别指出的是，以上的介绍只是基本的说明，具体的结构设计可以查找液压设计手册。查找液压设计手册，就像查字典一样，应有尽有、全面具体，一定可以找到所需要的。以下的有关介绍也与此类似。本书的宗旨就是教会学生基本的设计方法，本书不能代替设计手册使用。

(2)活塞组件。

活塞组件由活塞、密封件、活塞杆和连接件等组成。随液压缸的工作压力、安装方式和工作条件的不同,活塞组件有多种结构形式。

如图 3.3 所示,活塞与活塞杆的连接最常用的有螺纹式连接和半环式连接形式,除此之外还有整体式结构、焊接式结构、锥销式结构等。

螺纹式连接如图 3.3(a)所示,结构简单,装拆方便,但一般需备螺母防松装置;半环式连接如图 3.3(b)所示,连接强度高,但结构复杂,装拆不便,半环式连接多用于高压和振动较大的场合;整体式连接和焊接式连接结构简单,轴向尺寸紧凑,但损坏后需整体更换,对活塞杆与活塞比值较小、行程较短或尺寸不大的液压缸,其活塞与活塞杆可采用整体或焊接式连接;锥销式连接加工容易,装配简单,但承载能力小,且需要必要的防止脱落措施,在轻载情况下可采用锥销式连接。

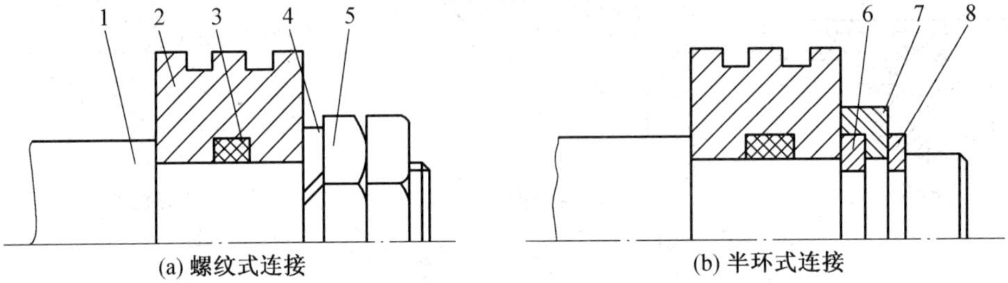

图 3.3　活塞与活塞杆的连接形式

1—活塞杆;2—活塞;3—密封圈;4—弹簧圈;5—螺母;6—卡键;7—套环;8—弹簧卡圈

(3) 密封装置。

缸筒与缸盖、活塞与活塞杆之间的密封均为固定密封(除焊接式外),常采用 O 型密封圈;缸盖与活塞杆、活塞与缸筒之间的密封系滑动密封,常用 O 型、Y 型、Yx 型、V 型及滑环式组合密封等密封圈。为了清除活塞杆外露部分黏附的尘土,避免缸内油液的污染,缸盖上还设有防尘装置,常用专门的防尘圈来实现。

①对密封件的要求。

在液压元件中,液压缸的密封要求比较高,特别是一些特殊液压缸,如摆动液压缸等。液压缸不仅有静密封,更多的部位是动密封,而且工作压力高,这就要求密封件的密封性能要好,耐磨损,对温度的适应范围大,要求弹性好,永久变形小,有适当的机械强度,摩擦阻力小,容易制造和装拆,能随压力的升高而提高密封能力和利于自动补偿磨损。密封件一般以断面形状分类,有 O 型、Y 型、U 型、V 型和 Yx 型等。除 O 型外,其他都属于唇形密封件。其材料为耐油橡胶、尼龙、聚氨酯等。

②O 型密封圈的选用。

液压缸的静密封部位主要有活塞内孔与活塞杆、支撑座外圆与缸筒内孔、端盖与缸体端面等处。静密封部位使用的密封件基本上都是 O 型密封圈。

③动密封部位密封圈的选用。

由于 O 型密封圈用于往复运动存在启动阻力大的缺点，所以用于往复运动的密封件一般不用 O 型圈，而使用唇形密封圈或金属密封圈。

液压缸动密封部位主要有活塞与缸筒内孔的密封、活塞杆与支撑座（或导向套）的密封等。活塞环是具有弹性的金属密封圈，摩擦阻力小，耐高温，使用寿命长，但密封性能差，内泄漏量大，而且工艺复杂，造价高。对内泄漏量要求不严而要求耐高温的液压缸，使用这种密封圈较合适。

V 型圈的密封效果一般，密封压力通过压圈可以调节，但摩擦阻力大，温升严重。因其是成组使用，模具多，也不经济。对于运动速度不高、出力大的大直径液压缸，用这种密封圈较好。

U 型圈虽是唇形密封圈，但安装时需用支撑环压住，否则就容易卷唇，而且只能在工作压力低于 10 MPa 时使用，对压力高的液压缸不适用。

比较而言，能保证密封效果，摩擦阻力小，安装方便，制造简单经济的密封圈就属 Yx 型密封圈了。它属于不等高双唇自封压紧式密封圈，分轴用和孔用两种。

(4)缓冲装置。

当液压缸所驱动的工作部件质量较大，移动速度较快时，为避免因惯性力大，致使在行程终了时，活塞与端盖发生撞击，造成液压冲击和噪声，甚至严重影响工作精度和引起整个系统及元件的损坏，在大型、高速或要求较高的液压缸中往往要设置缓冲装置，如图 3.4所示。尽管液压缸中的缓冲装置结构形式很多，但它们的工作原理都是相同的，当活塞行程到终点而接近缸盖时，增大液压缸回油阻力，回油腔中产生足够大的缓冲压力，使活塞减速，从而防止活塞撞击缸盖。

①圆柱形环隙式缓冲装置（见图 3.4(a)）。当缓冲柱塞 A 进入缸盖上的内孔时，缸盖和活塞间形成环形缓冲油腔 B，被封闭的油液只能经环形间隙 δ 排出，产生缓冲压力，从而实现减速缓冲。这种装置在缓冲过程中，由于回油通道的节流面积不变，故缓冲开始时，产生的缓冲制动力很大，其缓冲效果差，液压冲击较大，且实现减速所需行程较长，但这种装置结构简单，便于设计和降低成本，所以在一般系列化的成品液压缸中常采用这种缓冲装置。

②圆锥形环隙式缓冲装置（见图 3.4(b)）。由于缓冲柱塞 A 为圆锥形，所以缓冲环形间隙 δ 随位移量不同而改变，即节流面积随缓冲行程的增大而缩小，使机械能的吸收较均匀，其缓冲效果好，但仍有液压冲击。

③可变节流槽式缓冲装置（见图 3.4(c)）。在缓冲柱塞 A 上开有三角节流沟槽，节流面积随着缓冲行程的增大而逐渐减小，其缓冲压力变化较平缓。

④可调节流孔式缓冲装置（见图 3.4(d)）。当缓冲柱塞 A 进入到缸盖内孔时，回油口被柱塞堵住，只能通过节流阀 C 回油，调节节流阀的开度，可以控制回油量，从而控制活塞的缓冲速度。当活塞反向运动时，液压油通过单向阀 D 很快进入液压缸内，并作用在

活塞的整个有效面积上，故活塞不会因推力不足而产生启动缓慢现象。这种缓冲装置可以根据负载情况调整节流阀开度的大小，改变缓冲压力，减少液压冲击，缓冲效果良好。

(5)排气装置。

液压传动系统往往会混入空气，使系统工作不稳定，产生振动、爬行或前冲等现象，严重时会使系统不能正常工作。因此，设计液压缸时，必须考虑空气的排除。

对于要求不高的液压缸，往往不设计专门的排气装置，而是将油口布置在缸筒两端的最高处，这样也能使空气随油液排往油箱，再从油箱溢出，对于速度稳定性要求较高的液压缸和大型液压缸，常在液压缸的最高处设置专门的排气装置，如排气塞、排气阀等。当松开排气塞或阀的锁紧螺钉后，液压缸低压往复运动几次，带有气泡的油液就会排出，空气排完后拧紧螺钉，液压缸便可正常。排气塞通常有 A、B 两种，如图 3.5 所示。

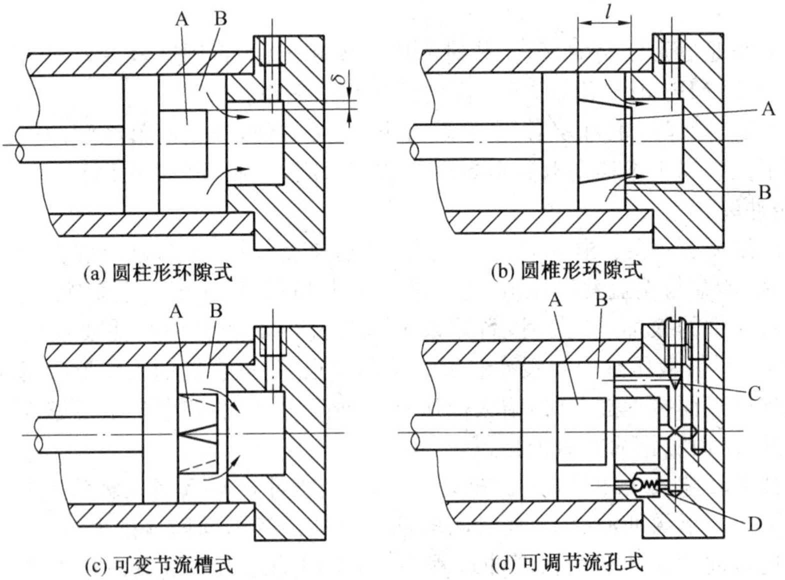

图 3.4　液压缸缓冲装置

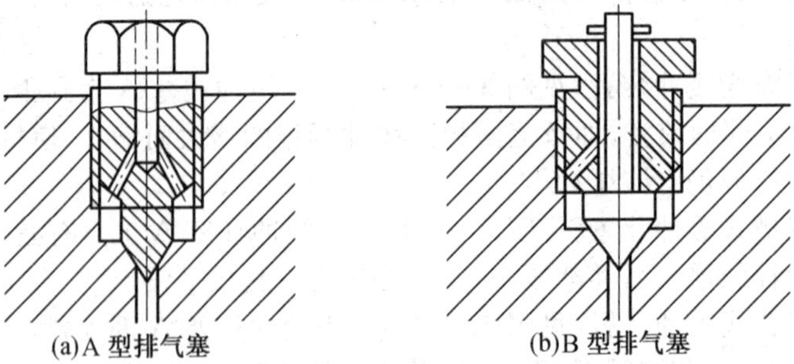

图 3.5　排气塞

第 4 章

液压泵站设计

液压泵站由液压油箱、液压泵装置及液压控制装置三大部分组成。液压油箱有空气滤清器、滤油器、液面指示器和清洗孔等。液压泵装置包括不同类型的液压泵、驱动电机及其联轴器等。液压控制装置是指组成液压系统的所有阀类元件及其联接体——液压油路集成板。

液压泵站的结构形式有分散式和集中式两种类型。

1. 集中式

集中式将机床液压系统的供油装置、控制调节装置独立于机床之外,单独设置一个液压泵站。这种结构的优点是安装维修方便,液压装置的振动、发热都与机床隔开。

2. 分散式

分散式将机床液压系统的供油装置、控制调节装置分散在机床的各处。例如,利用机床床身或底座作为液压油箱。把控制调节装置放在便于操作的地方。这种结构的优点是结构紧凑,泄漏油易回收,节省占地面积,但安装维修不方便。同时供油装置的振动、液压油的发热都将对机床的工作精度产生不良影响,故较少采用。

4.1 油箱容量的确定

油箱用于储存系统所需的足够油液,并且有散热、沉淀杂质和分离油中气泡等作用。液压系统中的油箱有总体式和分离式两种。总体式是利用机器设备机身内腔作为油箱;分离式是单独设置油箱与主机分开。油箱还有开式和闭式之分,开式油箱上部开有通气孔,使油面与大气相通,用于一般的液压系统。闭式油箱完全封闭,箱内充有压缩气体,用于水下、高空或对工作稳定性等有严格要求的地方。本节只介绍广泛应用的开式油箱。

油箱的有效容积(油面高度为油箱高度的80% 时的容积)应根据液压系统发热、散热平衡的原则来计算,但这只是在系统负载较大、长期连续工作时才有必要进行,一般只需按液压泵的额定流量 Q_B 估计即可，一般低压系统（$p \leqslant 2.5$ MPa）油箱的有效容积为液压泵每分钟排油量的 2 ～ 4 倍即可，中压系统（$p \leqslant 6.3$ MPa）为 5 ～ 7 倍，高压系统（$p > 6.3$ MPa）为 10 ～ 12 倍。

例如，某中压系统，液压油箱的有效容量按泵（$Q_B = 16.8$ L/min）的流量 5 ～ 7 倍来确定，油箱的容量 $V/L = (5 \sim 7)Q_B = (5 \sim 7) \times 16.8 = 84 \sim 120$。按 GB 2876—81 规定，且考虑散热因素，取靠近的标准值 $V = 250$ L。

应当注意：设备停止运转后，设备中的那部分油液会因重力作用而流回液压油箱。为了防止液压油从油箱中溢出，油箱中的液压油位不能太高，一般不应超过液压油箱高度的 80%。

4.2 油箱的外形尺寸

液压油箱的有效容积确定后，需设计液压油箱的外形尺寸，一般尺寸比 $a:b:c$（长：宽：高）为 1∶1∶1 ～ 1∶2∶3。为提高冷却效率，在安装位置不受限制时，可将液压油箱的容量予以增大。如果所设计的液压油箱能满足表 4.1 中尺寸的要求，则可以从中选择。

表 4.1　油箱外形尺寸系列

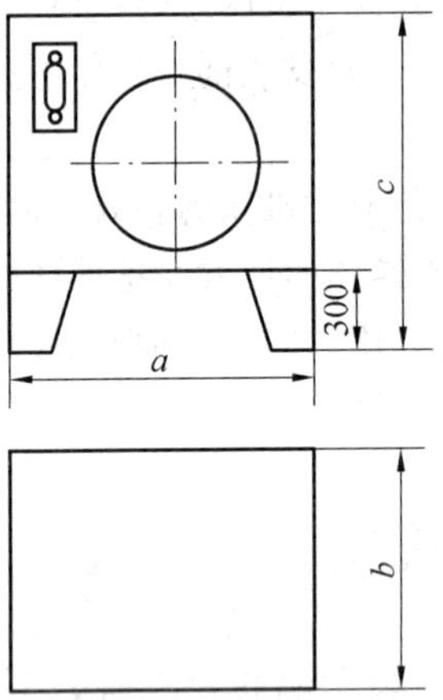

尺寸/mm 型号	a	b	c
BEX－63A	550	450	600
BEX－100	700	500	600
BEX－160	800	600	600
BEX－250	1 000	650	680
BEX－400	1 250	860	680
BEX－630	1 450	950	770
BEX－800	1 600	1 100	770
BEX－1000	1 800	1 100	800

4.3　油箱的结构设计

油箱一般要根据具体情况自行设计，如图 4.1 所示是一个油箱的结构简图，图中 1 为吸油管，4 为回油管，中间有两个隔板 7 和 9，隔板 7 用作阻挡沉淀杂物进入吸油管，隔板 9 用作阻挡泡沫进入吸油管，油箱底板应设计成 V 字形，放油塞应设在最低处，以便清洗油箱时，脏物可以从放油塞 8 放出，空气过滤器 3 设在回油管一侧的上部，兼有加油和通气的作用，6 是油面指示器，当彻底清洗油箱时可将上盖 5 卸开。如果将压力不高的压缩空气引入油箱中，使油箱中的压力大于外部压力，这就是所谓压力油箱，压力油箱中通气压力一般为 0.05 MPa 左右，这时外部空气和灰尘绝无渗入的可能，这对提高液压系统的抗污染能力、改善吸入条件都是有益的。

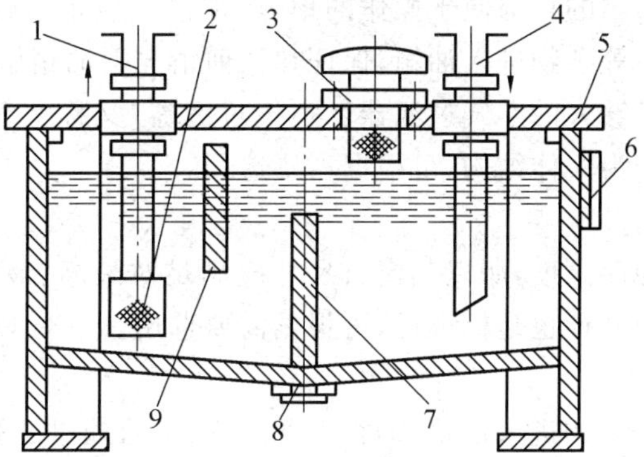

图 4.1　油箱简图

1—吸油管；2—过滤器；3—空气过滤器；4—回油管；
5—上盖；6—油面指示器；7、9—隔板；8—放油塞

4.4　油箱设计的注意事项

在进行油箱的结构设计时应注意以下几个问题。

(1)油箱应有足够的刚度和强度。

油箱一般用 2.5～4 mm 的钢板焊接而成，尺寸高大的油箱要加焊角板、加强肋以增加刚度。油箱上盖板若安装电动机传动装置、液压泵和其他液压件时，盖板不仅要适当加厚，而且还要采取措施局部加强。液压泵和电动机直立安装时，振动一般比水平安装要小些，但散热较差。

(2)吸油管、回油管和泄油管的设置。

吸油管和回油管应尽可能地远离，中间用一块或几块隔板隔开，如图 4.1 所示，以增

加油液的循环距离，使油液有足够的时间分离其中的气泡、沉淀杂质并散热。隔板的高度为箱内油面高度的3/4。吸油管和回油管的管口，在油面最低时仍应能浸入油面以下，防止吸油时吸入空气或回油冲入油箱时搅动油面，混入气泡。管口和底面以及和箱壁之间的距离不小于管径的2～3倍。回油管口应截成45°斜角，以增大排油口的面积，使流速变化缓慢，减小振动，且管口应面向最近的箱壁，以利散热。吸油管入口处，要装上有足够过滤能力的过滤器，其安装位置要便于拆装和清洗，距箱底距离不应小于20 mm，离箱壁距离不应小于管径的3倍，以便四周进油。泄油管的安装分两种情况，阀类的泄油管安装在油箱的油面以上，以防止产生背压，影响阀的工作；液压泵或缸的泄油管则安装在油面以下，以防止空气混入。配置过滤网时，可以设计成将液压油箱内部一分为二，使吸油管与回油管隔开，这样液压油可以经过一次过滤。过滤网通常使用50～100目左右的金属网。

(3)加油口和空气过滤器的设置。

加油口应设置在油箱的顶部便于操作的地方，加油口应带有过滤网，平时加盖密封。为了防止空气中的灰尘等杂物进入油箱，保证在任何情况下油箱始终与大气相通，油箱上的通气孔应安装规格足够大的空气过滤器。空气过滤器(又称空气滤清器)是标准件，它将加油和过滤功能组合为一体结构，可根据需要选用。

(4)液位计的设置。

液位计用于监测油面高度，所以其窗口尺寸应满足对最高、最低油位的观察，且要装在易于观察的地方。液位计也是标准件，可根据需要选用。

(5)密封和防锈。

为了防止外部的污染物进入油箱，油箱上各盖板、油管通过的孔处都要妥善密封。油箱内壁应涂耐油防锈的涂料或磷化处理。

(6)其他设计要点。

油箱应开设供安装、清洗和维护等用的窗口，并注意密封。必要时，还应安装温度计和热交换器，以保证油箱正常的工作温度(15～65 ℃)，并考虑好其位置，以便监测和控制。

4.5 滤油器的选择

1.滤油器的功用和基本要求

据统计在液压系统中，约75%以上的故障是由于油液污染造成的。因此，为了使液压元件和系统正常工作，必须保持油液清洁。消除油液中的固体杂质的最有效的方法是使用各种滤油器(又称过滤器)，系统中滤油器的作用就在于不断净化油液，使其污染程度控制在允许范围内。

滤油器的功能是滤去油液中的杂质和沉淀物，保持油液的清洁，保证液压系统正常工作。对滤油器的基本要求如下。

(1)有足够的过滤精度。

过滤精度是指滤油器滤芯滤除杂质的粒度大小,以其直径 d 的公称尺寸(mm)表示。粒度越小,精度越高。一般过滤器的过滤分为四级,即粗($d<0.1$ mm)、普通($d<0.01$ mm)、精($d<0.005$ mm)、特精($d<0.001$ mm)。

(2)有足够的过滤能力。

过滤能力是指一定压力下允许通过滤油器的最大流量,一般用滤油器的有效过滤面积(滤芯上能通过油液的总面积)来表示。对滤油器过滤能力的要求,应结合滤油器在液压系统中的安装位置来考虑,如滤油器安装在吸油管路上时,其过滤能力应为泵流量的两倍以上。

(3)滤油器应有一定的机械强度,不因液压力的作用而破坏。

(4)滤芯抗腐蚀性能好,并能在规定的温度下持久地工作。

(5)滤芯要利于清洗和更换,便于拆装和维护。

2. 滤油器的种类

按滤芯材料和结构的不同,过滤器可分为表面型、深度型、吸附型,其中又有网式(图 4.2(a))、线隙式(图 4.2(b))、纸芯式(图 4.2(c))、烧结式(图 4.2(d))和磁性式等多种。

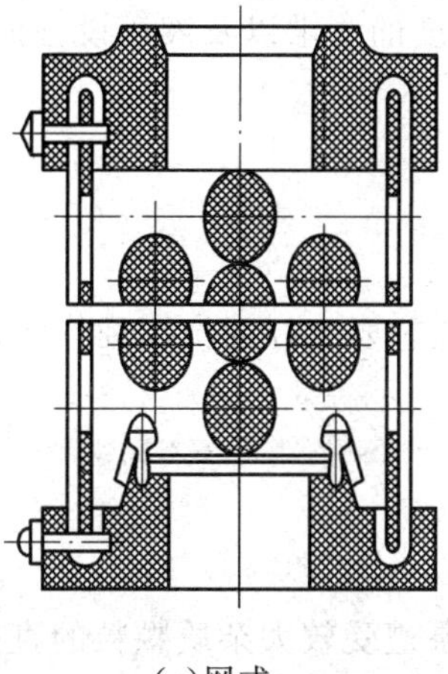

(a)网式

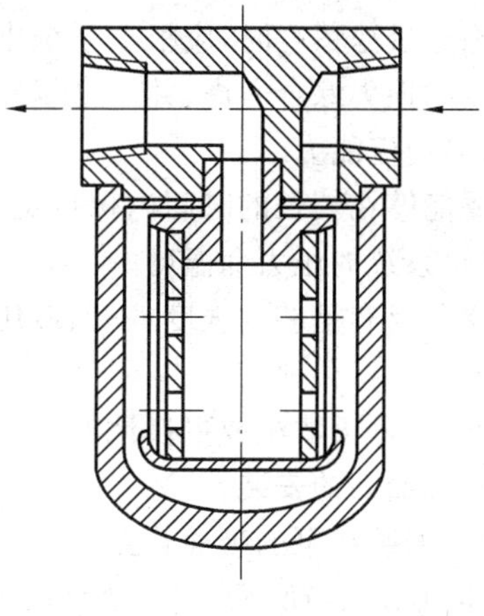

(b)线隙式

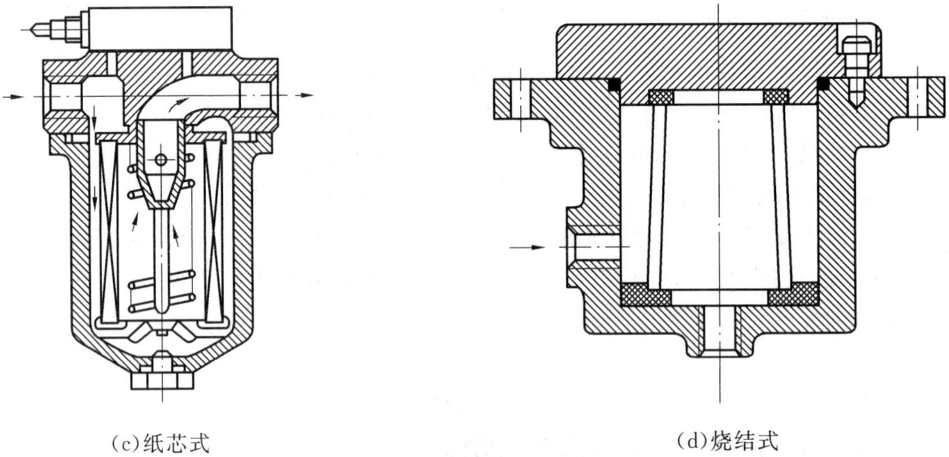

图 4.2　滤油器

3. 滤油器的选用

选用滤油器时,应综合考虑以下几方面因素,以获得最佳的工作可靠性和经济性。

(1)滤油器的类型。

(2)过滤精度。

确定过滤精度时,应根据系统中关键元件对过滤精度的要求以及液压设备停机检修所造成的损失综合考虑,并不是越高越好。

(3)通流能力。

要能够在较长的时间内保持足够的通流能力。

(4)系统的压力和温度。

滤芯要有足够的强度,不因液压力的作用而损坏,滤芯要有好的抗腐蚀性能,能在规定的温度下持久地工作。

(5)要便于清洗或更换滤芯。

4. 滤油器的安装

(1)安装在泵的吸油管路上。

如图 4.3(a)所示,它主要是用来保护液压泵,防止泵遭受较大杂质颗粒的直接伤害。为了不影响泵的吸油性能,要求过滤器有较大的通流能力,较小的阻力和压降,为此一般采用过滤精度低的网式过滤器。

(2)安装在泵的压油管路上。

在压油管路上安装过滤器,如图 4.3(b)所示,可以保护除液压泵和溢流阀以外的其他液压元件。因在高压下工作,要求过滤器能够承受系统的工作压力和冲击力,要能够通过压油管路的全部流量,且要放在安全阀的后面,以保护液压泵。为了防止过滤器堵塞后,因压降过大而使滤芯破坏,可在过滤器旁并联一个单向阀或污染指示器,单向阀的开启压力等于过滤器允许的最大压降。

(3)安装在回油管路上。

在回油管路上安装过滤器,如图 4.3(c)所示,可以滤除油液流入油箱前的污染物,虽不能直接防止污染物进入系统,但可以间接地保护系统。由于安装在低压回路,故可用承压能力低的过滤器。为了防备过滤器堵塞,也可并联一个单向阀或污染指示器。过滤器的流通能力应保证通过回油管路上的最大流量。

(4)安装在分支油路上。

当泵的流量较大时,全部过滤将使过滤器过大,为此可将过滤器安装在系统的支路上,如图 4.3(d)所示。由于工作时只有一部分油液通过过滤器,所以这种方式又称为局部过滤法。采用这种方式滤油时,通过过滤器的流量不应小于总流量的 20%～30%,其缺点是不能完全保证液压元件的安全。

(5)单独过滤回路。

单独过滤回路如图 4.3(e)所示,它是用辅助泵和过滤器组成一个独立于主系统之外的过滤回路,对清除油液中的全部杂质很有利,不过需增加一套液压泵和过滤器。此种方式特别适用于大型液压系统。安装过滤器时应注意一般的过滤器都只能单向使用,所以应安装在液流单向通过的地方,最好不要装在液流方向经常改变的油路上。若必须这样设置时,应适当增设单向阀和过滤器,如图 4.3(f)所示,以保证双向过滤。

(6)磁性式滤油器

采用磁性式滤油器时可以在油箱中放一块永久磁铁,以吸附铁屑类杂质。

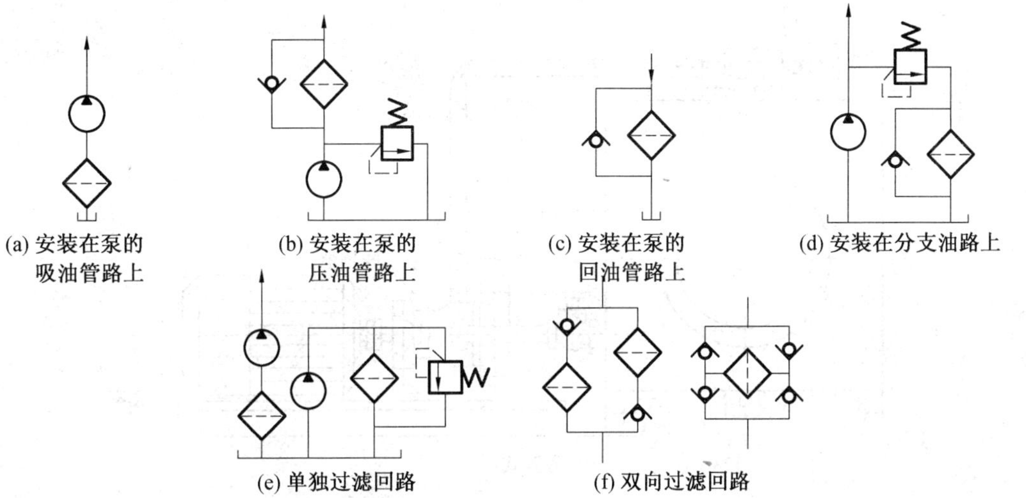

(a) 安装在泵的吸油管路上　(b) 安装在泵的压油管路上　(c) 安装在泵的回油管路上　(d) 安装在分支油路上

(e) 单独过滤回路　(f) 双向过滤回路

图 4.3　过滤器的安装

4.6 液压泵的安装设计

在常见的液压泵站中，按照电动机和液压泵组相对油箱的安装位置不同，可以分为上置式、下置式与旁置式三种，如图 4.4 所示。

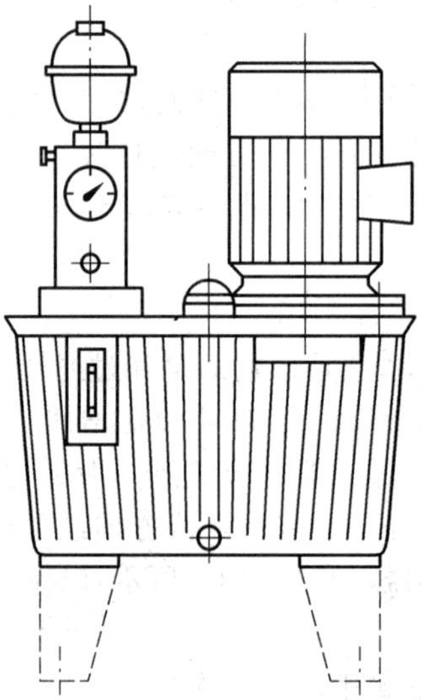

(a) 上置式

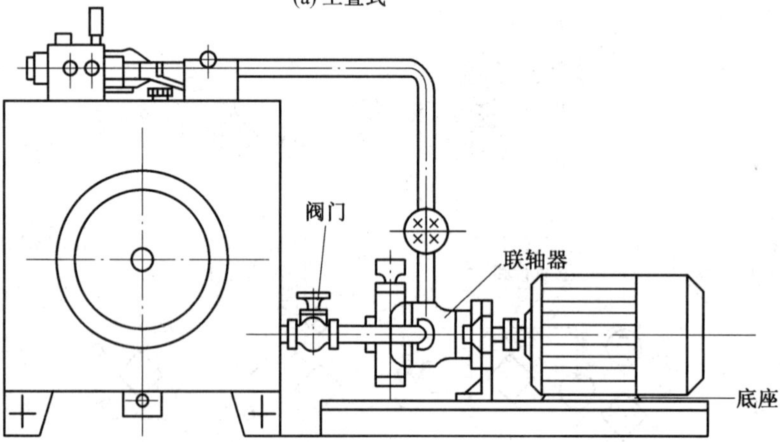

(b) 旁置式

图 4.4 液压泵的安装

如图 4.4(a)所示为上置式油箱液压泵站。上置式液压泵站是将液压泵与电机等装置安装在油箱盖板上，其结构紧凑，应用十分普遍，尤其是需要经常移动的、泵与电机均不太大的泵站。电机与泵可以立式安装(见图 4.4(a)),也可卧式安装。这种安装方法将动力振动源安置在油箱盖板上,因此油箱体,尤其是盖板要有较好的刚性。

如图 4.4(b)所示为旁置式液压泵站,是将液压泵与电机等装置安装在油箱旁边。适合系统的流量和油箱容量较大时,尤其适合一个油箱给多台液压泵供油的场合采用。旁置式液压泵站使油箱内液面高于泵的吸油口,泵的吸油条件好。设计时要注意在泵的吸油口与油箱之间设置一个截止阀,以防止液压泵在维修或拆卸时油箱中油液外流。

下置式液压泵站是将液压泵与电机等装置安装在油箱底下面。这样可使设备的安装面积减小,也可使泵的吸入能力大为改善。这种安置方式,常常是将油箱架高到使人可以在油箱底下穿越,以便对液压泵进行安装和维修。

第5章 液压油路的集成化设计

5.1 概　　述

液压油路是指连接液压泵与液压缸的整个液压系统的控制部分。通常液压泵和电机在一起，液压缸在工作机械的下边，这中间需要把液压系统的控制部分进行连接与安装，这就是液压油路的设计。这个液压油路的集成化设计的载体，通常称为阀板、阀块，因为这上面安装的主要是阀。任何一个液压系统的液压油路都要自行设计。

通常使用的液压阀有板式和管式两种结构。管式元件通过油管来实现相互之间的连接，液压元件的数量越多，连接的管件越多，结构越复杂，系统压力损失越大，占用空间也越大，维修、保养和拆装越困难。因此，管式元件一般只应用于大型的、结构简单的系统。

板式元件在液压泵站上的连接配置形式采用集成化的配置，具体有以下三种。

1. 集成板式

集成板（也称阀板）式配置方式就是将板式液压控制元件均由螺钉安装在集成板的正面，元件之间的连接油路通过板上的孔与板后面的连接管接头与管道连接形成。也可采用一块厚板，将元件用螺钉安装在厚板的正面，元件之间的连接油路全部由板内加工的孔道形成。只有输入、输出的管道用管接头安装在厚板的后面或侧面，如图 5.1 所示，连接到液压工作元件。板式元件的液压系统安装、调试和维修方便，压力损失小，外形美观。

2. 集成块式

集成块（也称阀块）式配置形式采用统一截面的多块六方体构成。六方体（集成块）的四周除一面安装通向执行元件的管接头外，其余面都可安装板式液压控制阀。元件之间的连接油路由集成块内部孔道形成。此公共孔道有公共供油管道 P、公共回油管道 T、公共泄油管道 L。这些进、回油管道可通过底板上的管接头连出，如图 5.5 所示。这种配置形式的优点除了设计灵活、安装和集中操纵方便外，水平方向所占面积小，很适合安装在液压泵站上，故而得到广泛应用。

3. 叠加阀式

叠加阀是自成系列的元件。每个叠加阀既起控制作用，又起通道连接作用，因此它不需另外的连接块，只需要用长螺栓将叠加阀叠装在底板上，即可组成所需的液压系统，如图 5.12 所示。这种配置形式的优点是：结构紧凑、体积小、质量小、不需要设计专用的集成块或集成板，因此受到工程界的欢迎。

5.2　集成板的结构与设计

1. 液压油路集成板的结构

液压油路集成板一般用灰铸铁制造，要求材料致密，无缩孔、疏松等缺陷。液压油路集成板的结构如图 5.1 所示，各元件的明细见表 5.1。液压油路板正面用螺钉固定液压元件，表面粗糙度值为 $Ra0.8\ \mu m$，背面连接压力油管(P)、回油管(T)、泄漏油管(L)和工作油管(A、B)等。油管与液压油路板通过管接头用米制细牙螺纹或英制管螺纹连接。液压元件之间通过液压油路集成板内部的孔道连接。除正面外，其他加工面和孔道的表面

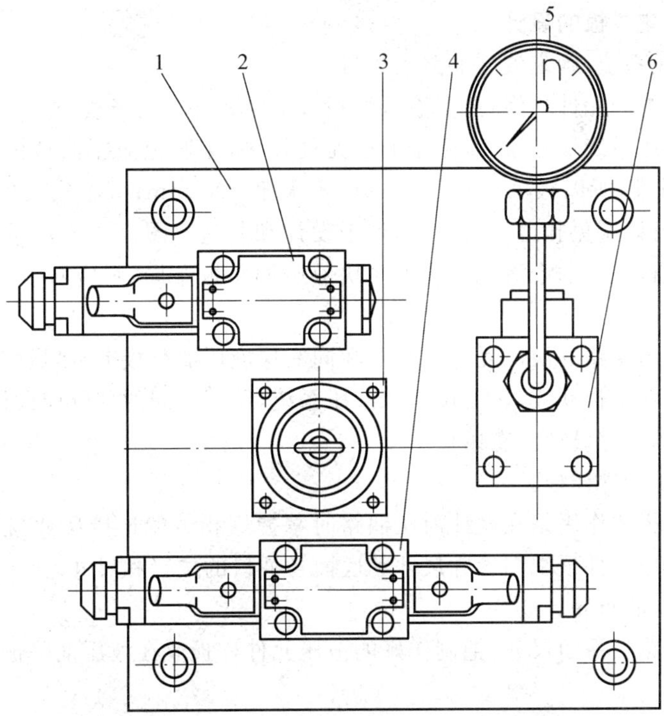

图 5.1　液压油路集成板

粗糙度值为 $Ra6.3 \sim 12.5\ \mu m$。

表 5.1　液压油路集成板安装元件明细

序号	名称	规格	数量
1	油路板		1
2	二位三通电磁换向阀	3WE6A50/OAG24	1
3	单项调速阀	2FRM5－20/6	1
4	三位四通电磁换向阀	4WE6E50/OAG24	1
5	压力表		1
6	压力表开关	K－H6	1

此外液压油路板的安装固定也很重要。油路板一般采用框架固定，要求安装、维修和检查方便。它可安装固定在机床上或机床附属设备上，但比较方便的是安装在液压泵站上。安装方式如图 5.2 所示。

2. 液压油路集成板的设计

(1)分析液压系统，确定液压油路板数目。

简单液压系统的元件不多，要求液压油路板上的元件布局紧凑，尽力把元件都安装在一块板上。但液压系统较复杂时，由于液压元件较多，应避免液压油路板上孔道过长，给加工制造带来困难，所以板的外形尺寸一般不大于 400 mm；板上安装的阀一般不多于10～12个，这也可以避免孔道过于复杂，难于设计和制造。图 5.1 所示系统元件较多，建议采用两块油路板。若一个液压系统需多块液压油路板布局，则应对该系统进行适当分解。但应注意：

①同一个液压回路的液压元件应布置在同一块液压油路板上，尽量减少连接管道。

②组合机床加工自动线、多工位机床液压系统，结构相同的部分应设计成可互换的通用板，不同结构的部分设计成专用板。

(2)制作液压元件样板。

液压元件样板的作用是在设计液压油路时掌握好相关的连接尺寸，根据产品样本或对照实物绘制液压元件顶视图轮廓尺寸和底面各油口的位置和尺寸。

(3)液压元件的布局。

绘出液压油路板平面尺寸，把制作好的液压元件样板放在液压油路板上进行布局，此时要注意：

①换向阀阀芯必须水平放置，防止阀芯自重影响液压阀的灵敏度。

②与液压油路板上主液压油路相通的液压元件，其相应油口应尽量沿同一坐标轴线

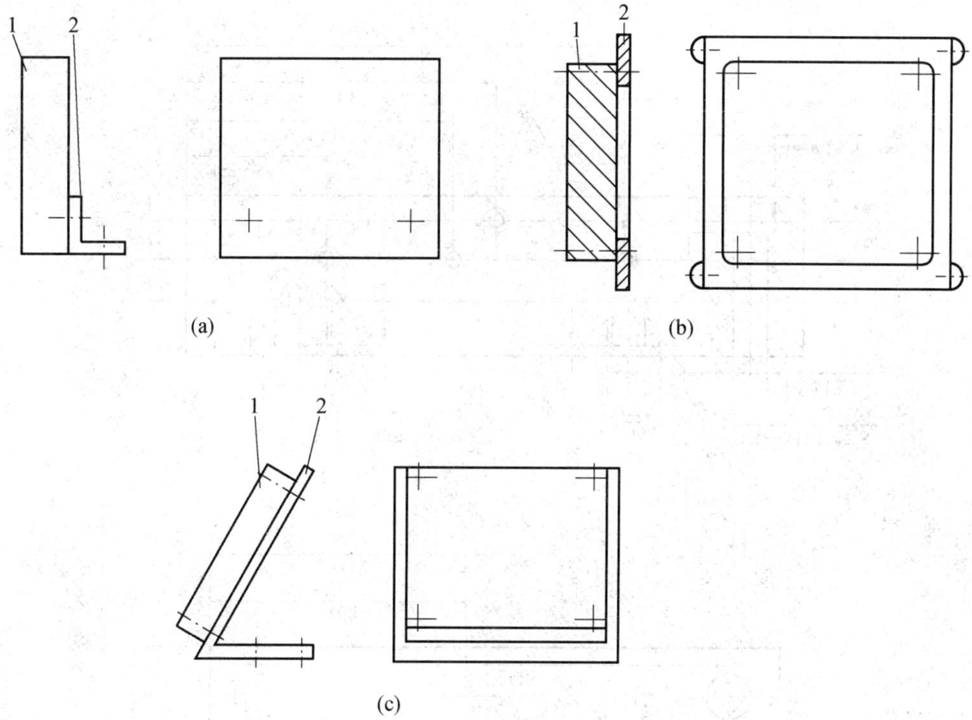

图 5.2　油路板的安装方式

1—油路板；2—连接件

布置，以减少加工孔道。

③压力表开关布置在最上方，如果需要在液压元件之间布置，则应留足压力表安装的空间。

④液压元件之间的距离应大于 5 mm，换向阀上的电磁铁、压力阀的先导阀以及压力表等可适当伸到液压油路板的轮廓线外，以减少油路板尺寸。

(4)确定油孔的位置和尺寸。

液压油路板正面用来安装液压元件，表面粗糙度值为 $Ra0.8\ \mu m$。上面布置有液压元件固定螺孔，油路板固定孔和液压元件的油孔。当液压元件布置完毕之后，孔道位置尺寸就基本确定了。

液压油路板背面(图 5.3)设计有与执行元件连接的油孔(A、B)，与液压泵连接的压力油孔(P)以及与液压油箱连接的回油孔(T)，此类液压油孔可加工成米制细牙螺纹孔或者英制管螺纹孔。连接尺寸见表 5.2。所有阀板上的孔和加工尺寸均见表 5.2。

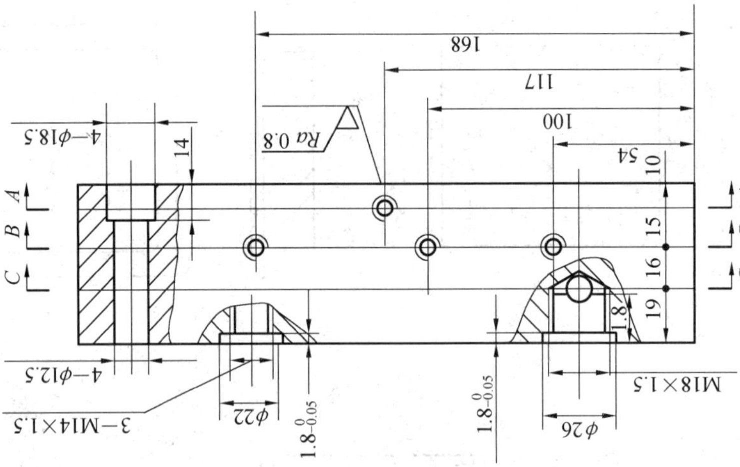
168
117
100
54
4—φ18.5
14
Ra 0.8
10
15
16
19
1.8
A
B
C
4—φ12.5
3—M14×1.5
φ22
M18×1.5
φ26

(b)

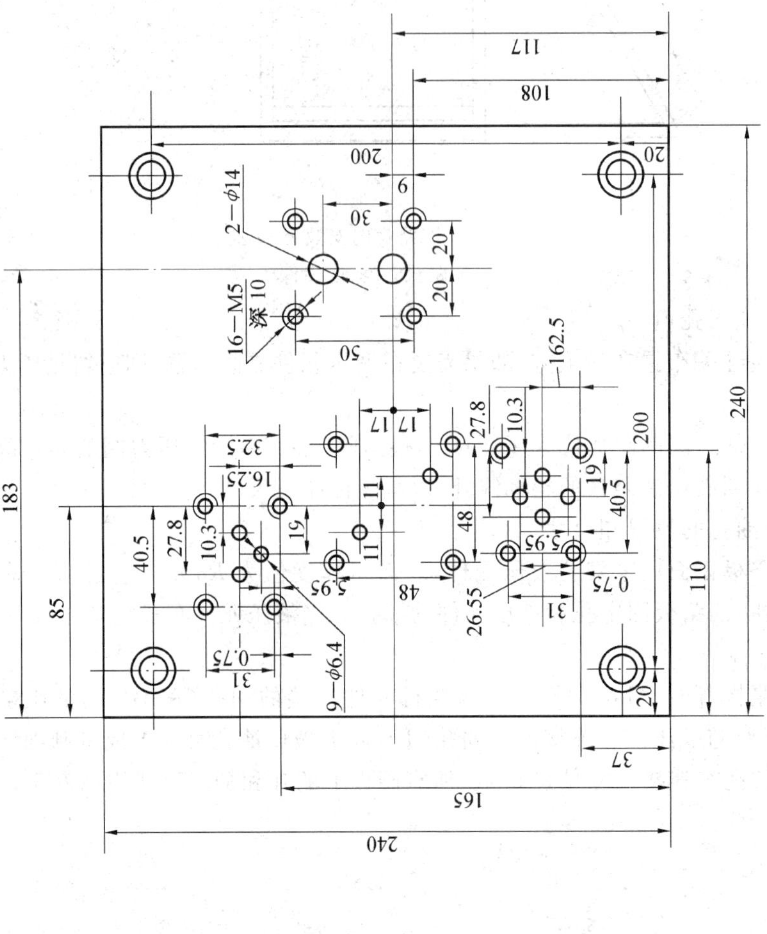
117
108
200
20
2—φ14
9
30
20
16—M5
深 10
50
162.5
10.3
27.8
17
32.5
16.25
40.5
183
85
11
48
19
5.95
26.55
31
0.75
9—φ6.4
200
240
110
37
165
240

(a)

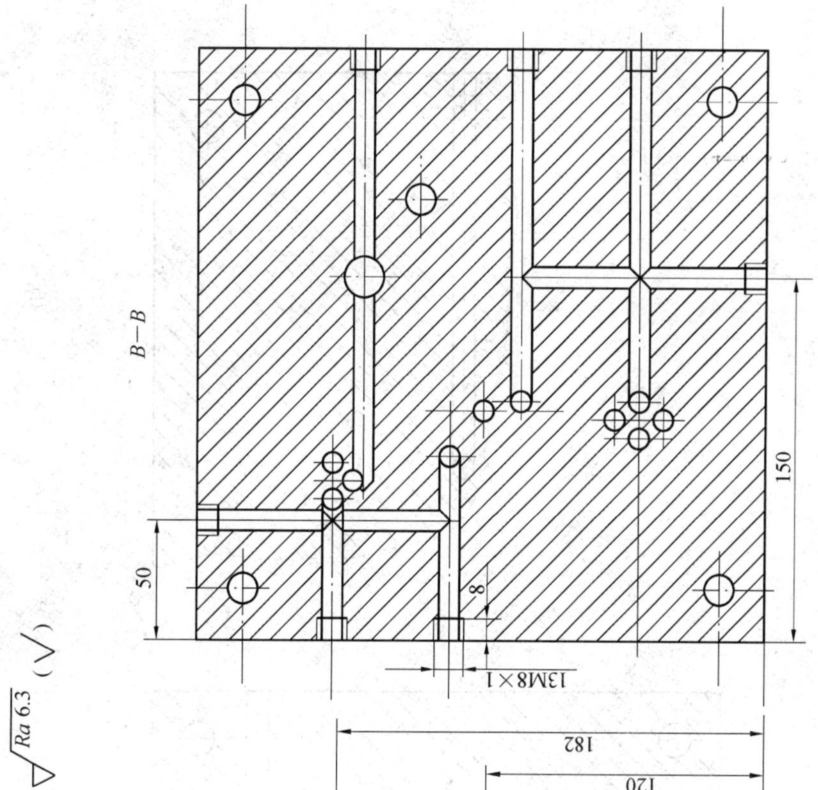

(d)

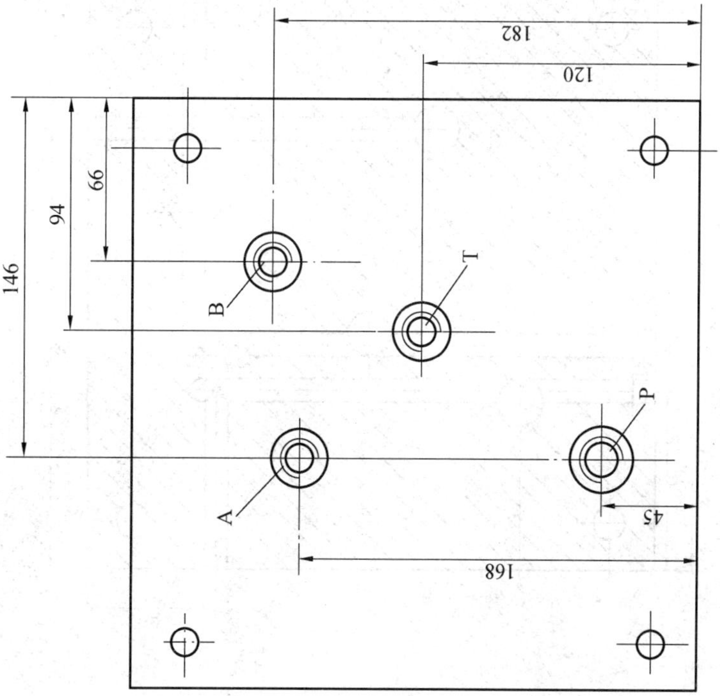

(c)

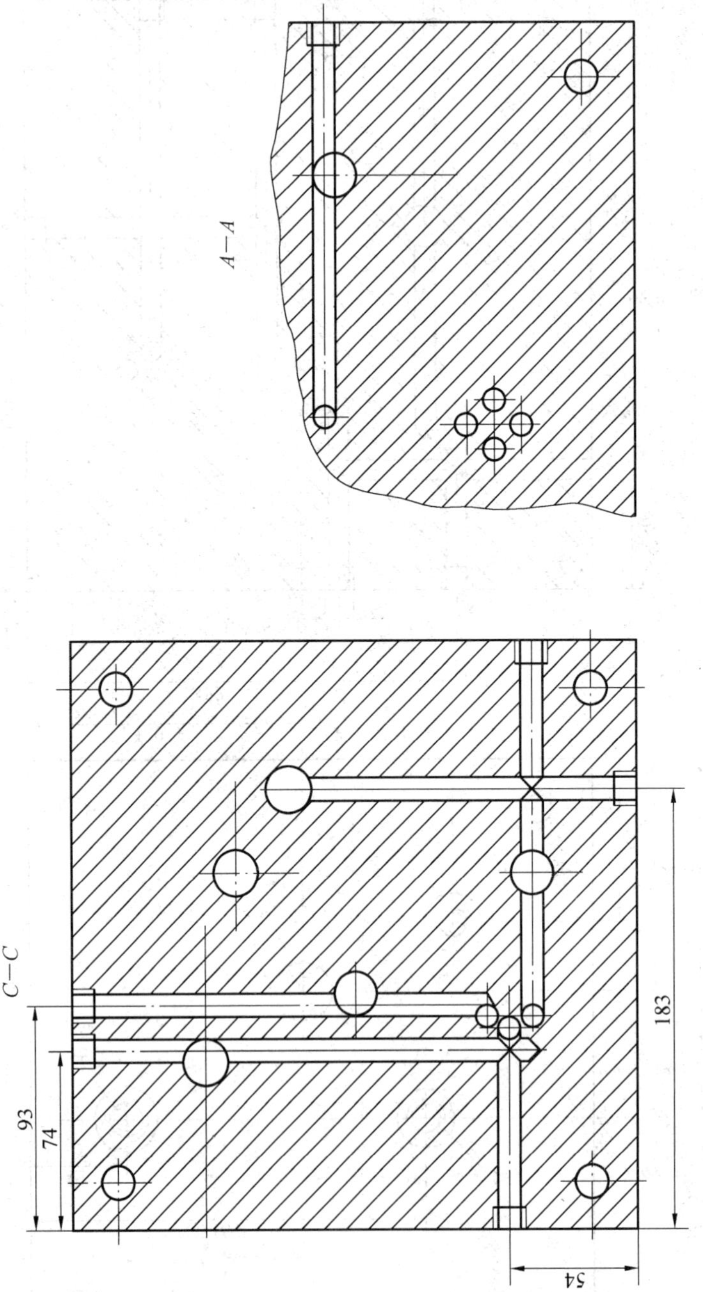

图 5.3 液压油路板结构图

液压油路板内部孔道一般分三层布置：

第一层：距液压油路板正面距离约 10 mm，一般布置泄漏油孔(L)和控制油孔(K)，要注意的是防止第一层孔道与液压元件固定螺纹孔相通。

第二层：距液压油路板正面约 25 mm，距第一层约 15 mm，布置压力油口。

第三层：距液压油路板正面约 41 mm，距第二层约 16 mm，距液压油路板反面 19 mm，布置回油孔(T)。因此，液压油路板的总厚度一般为 60 mm。

(5)绘制液压油路板零件图。

液压油路板结构较复杂，用多个视图表达，主视图表示液压元件安装固定的位置，液压元件进出油口位置和大小，以液压油路板两条棱为坐标轴绘出。液压元件规格一旦确定，安装螺孔和油口的尺寸也已确定。应用双点画线绘出液压元件贴合面及轮廓，以便于核对。后视图表示各油管接头的位置和尺寸。

表 5.2　油路板上的孔和加工尺寸

<table>
<tr><th rowspan="2">公称直径 d_0/mm</th><th rowspan="2">紫铜管尺寸/mm×mm $d_内 \times d_外$</th><th rowspan="2">推荐流量/min^{-1}</th><th colspan="2">管接头安装螺纹</th><th colspan="2">钻孔螺纹底孔直径/mm</th><th rowspan="2">底孔深度/mm</th><th rowspan="2">攻螺纹深度/mm</th><th colspan="2">阀板钻孔直径/mm</th><th rowspan="2">横孔螺塞</th></tr>
<tr><th>锥螺纹</th><th>细牙螺纹</th><th>锥螺纹</th><th>细牙螺纹</th><th>直孔</th><th>横孔</th></tr>
<tr><td>3</td><td>3×4</td><td></td><td rowspan="3">Z1/8"</td><td>M8×1</td><td rowspan="3">8.7</td><td>7.00</td><td rowspan="3">14</td><td rowspan="3">11</td><td></td><td></td><td></td></tr>
<tr><td>4</td><td>4×6</td><td>4</td><td>M10×1</td><td>9.00</td><td></td><td></td><td></td></tr>
<tr><td>6</td><td rowspan="2">6×8</td><td rowspan="2">6</td><td rowspan="2">M12×1.25</td><td rowspan="2">10.7</td><td></td><td></td><td></td></tr>
<tr><td>(6)</td><td rowspan="2">Z1/4"</td><td rowspan="2">11.3</td><td rowspan="2">18</td><td rowspan="2">15</td><td></td><td></td><td></td></tr>
<tr><td>7</td><td>8×10</td><td>10</td><td>M14×1.5</td><td>12.5</td><td>8</td><td>8.7</td><td>Z1/8"</td></tr>
<tr><td>10</td><td>10×12</td><td rowspan="2">25</td><td rowspan="2">Z3/8"</td><td>M15×1.5</td><td rowspan="2">14.8</td><td>14.5</td><td rowspan="2">20</td><td rowspan="2">10</td><td rowspan="2">12</td><td rowspan="2">11.3</td><td rowspan="2">Z1/4"</td></tr>
<tr><td>12</td><td>12×15</td><td>M20×1.5</td><td>18.5</td></tr>
<tr><td>15</td><td>15×18</td><td>40</td><td>Z1/2"</td><td>M24×1.5</td><td>18.3</td><td>24.5</td><td>25</td><td>24</td><td></td><td></td><td></td></tr>
<tr><td>19</td><td>19×22</td><td>63</td><td>Z3/4"</td><td>M30×1.5</td><td>23.7</td><td>28.5</td><td>25</td><td>21</td><td>18</td><td>18.3</td><td>Z1/2"</td></tr>
<tr><td>25</td><td>25×28</td><td>100</td><td>Z1"</td><td>M36×1.5</td><td>29.6</td><td>34.5</td><td>30</td><td>26</td><td></td><td></td><td></td></tr>
<tr><td>30</td><td>30×35</td><td>160</td><td>Z1 $\frac{1}{4}$"</td><td>M39×1.5</td><td>38.5</td><td>37.5</td><td>32</td><td>27</td><td></td><td></td><td></td></tr>
</table>

液压油路板剖视图一般要 3 个，即每层孔道一个剖面。为了避免加工制造差错，液压油路板零件图要少用虚线。

5.3 液压油路集成块的结构设计

液压油路集成块设计大致分为以下几个步骤。

1. 把液压系统划分为若干个单元回路

在详细了解液压系统的基础上，把液压系统划分为若干个单元回路，每个单元回路一般由三个液压元件组成。例如图 5.4 是组合铣床液压集成块装配总图，它由底板 1，方向

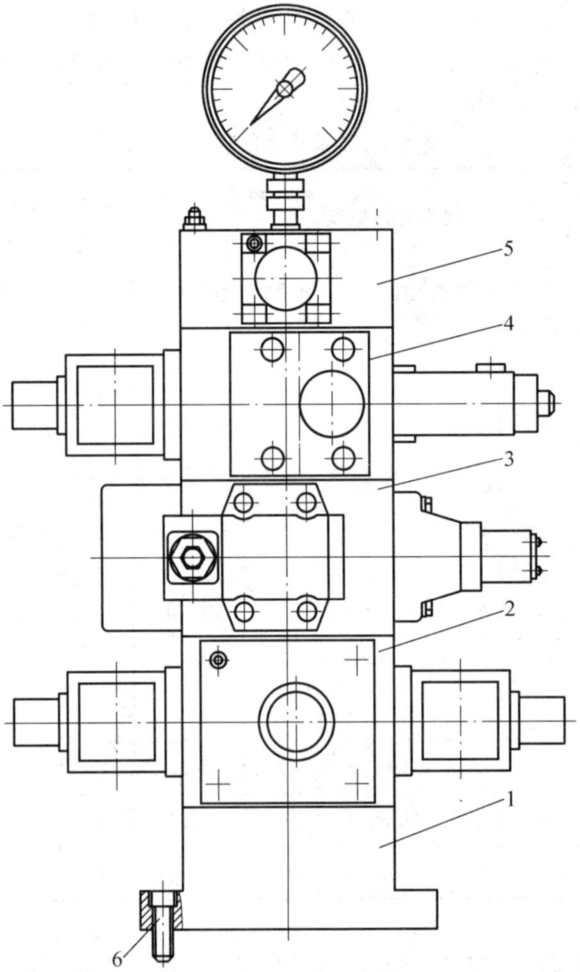

图 5.4 组合铣床液压集成块装配总图

1—底板；2—方向调速块；3—压力块；4—夹紧块；5—顶盖；6—紧固螺栓

调速块 2，压力块 3，夹紧块 4 和顶盖 5 组成，由四个紧固螺栓 6 把它们连接起来，再由四个螺钉将其紧固在液压油箱上，液压泵通过油管与底板连接，组成液压泵站，液压元件分别固定在各集成块上，组成一个完整的液压系统。

2. 制作液压元件样板

方法与油路板一节相同。

3. 决定通道的孔径

集成块上的公用通道，即压力油孔（P）、回油孔（T）、泄漏孔（L）（相当于电路的火线和地线）及四个安装孔。压力油孔由液压泵流量决定，回油孔一般稍大于压力油孔。直接与液压元件连接的液压油孔由选定的液压元件规格确定。孔与孔之间的连接孔（即工艺孔）用螺塞在集成块表面堵死。堵死的工艺孔，又称盲孔。盲孔要最后堵死，堵死前一定要把加工时的铁屑清洗干净。与液压油管连接的液压油孔可采用米制细牙螺纹或英制管螺纹。

4. 布置液压元件

把制作好的液压元件样板放在集成块各视图上进行布局，有的液压元件需要连接板，则样板应以连接板为准。尽可能地紧凑和均匀。

5. 设计液压油路

设计液压油路是集成块设计工作的核心，要有条不紊，一个一个元件地解决。

（1）电磁换向阀应水平布置在集成块最上层的顶盖及测压块上。

图 5.5 是顶盖及测压块设计。顶盖的主要用途是封闭主油路，安装压力表开关及用压力表来观察液压泵及系统各部分的工作压力。设计顶盖时，要充分利用顶盖的有效空间，要避免电磁换向阀两端的电磁铁与其他部分相碰。液压元件的布置应以在集成块上加工的孔最少为好。

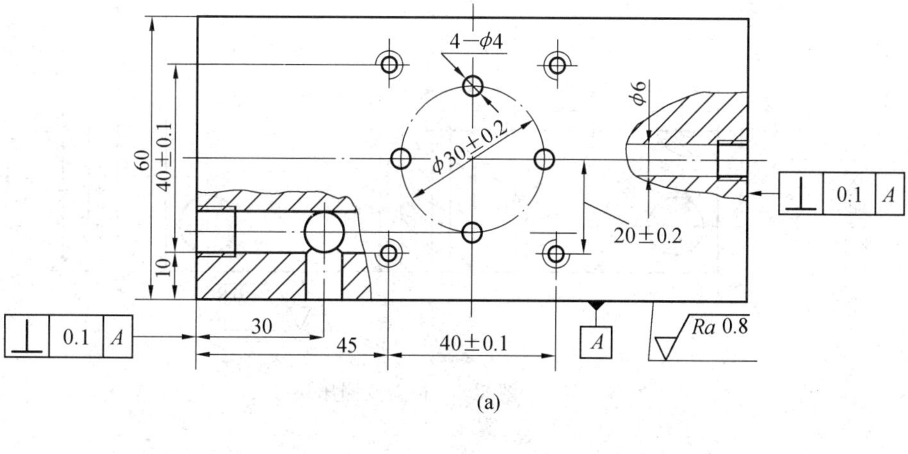

(a)

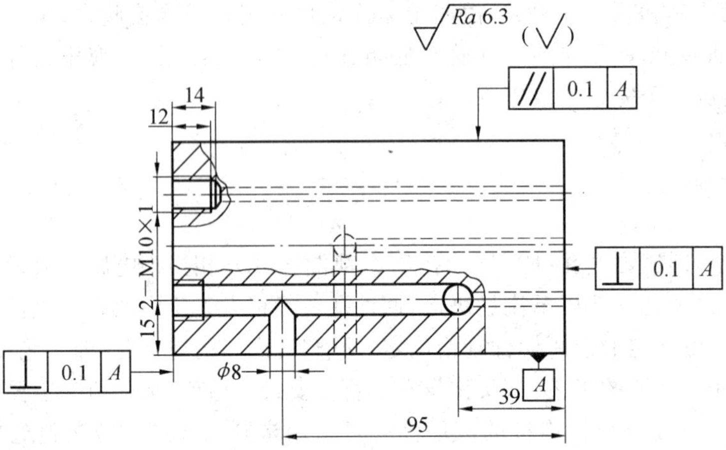

(b)

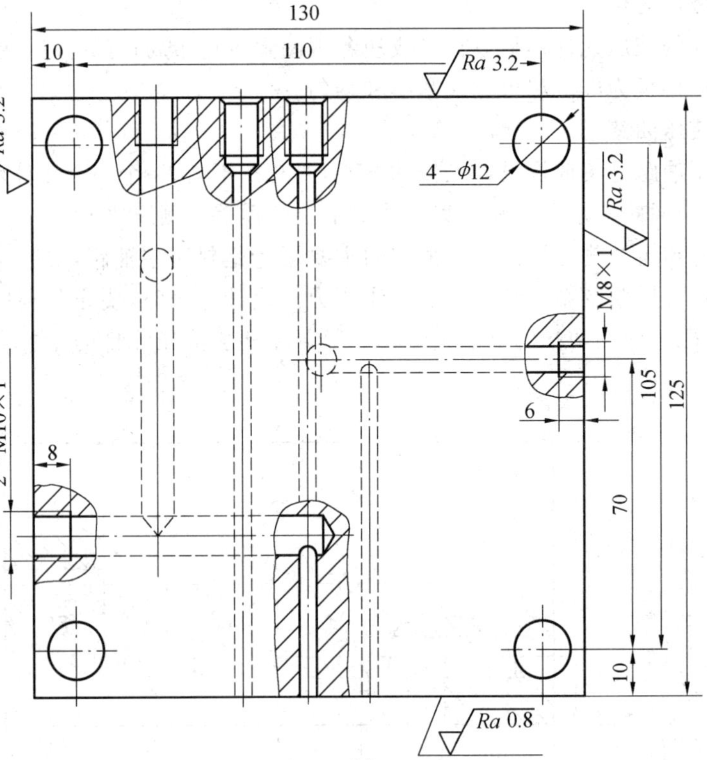

(c)

图 5.5　顶盖及测压块

(2)调压阀一般安装在下层的底板及供油块上，因为这里离泵和油箱最近。图 5.6 为底板及供油块，其作用是连接集成块组。液压泵供应的液压油由底板引入各集成块，液压系统回油路及泄漏油路的液压油经底板引入液压油箱冷却沉淀。

(3)孔道相通的液压元件尽可能布置在同一水平面上，或在直径 d 的范围内(图 5.7(a))，否则要钻垂直中间油孔(图 5.7(b)、(c))，不通孔道之间的最小壁厚 h 必须进行强度校核(图 5.7(d))。为了便于检查和装配集成块，应把单向集成回路图和集成块上液压元件布置简图绘在旁边；而且应将各孔道编上号，列表说明各个孔的尺寸、深度以及与哪些孔相交等。

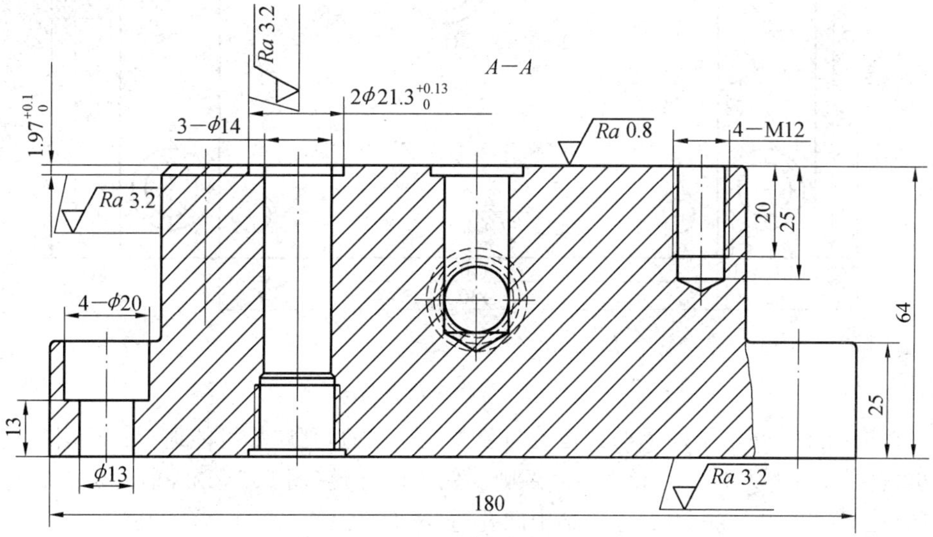

(a)

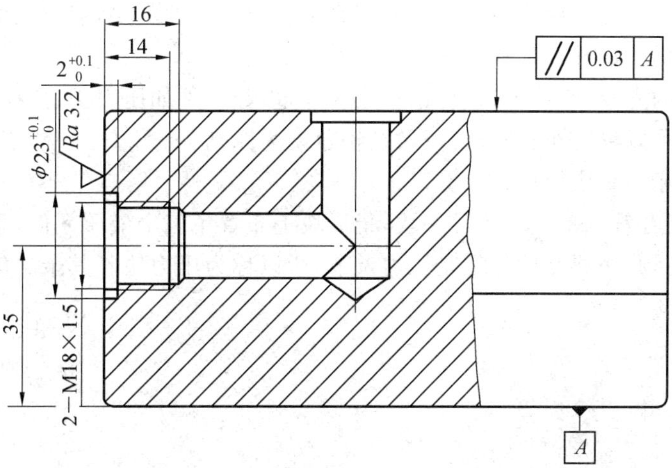

(b)

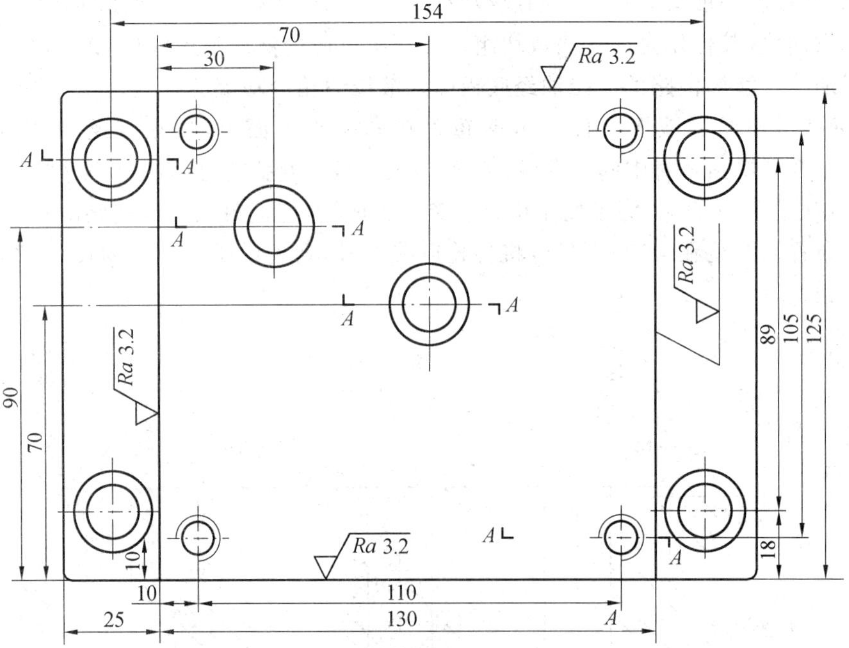

(c)

图 5.6　底板块及供油块

(4)液压元件在水平面上的孔道若与公共油孔相通，则应尽可能地布置在同一垂直位置或在直径 d 范围(图 5.7(a)、(b))，否则要钻中间孔道(图 5.7(c))，集成块前后与左右连接的孔道应互相垂直，不然也要钻中间孔道(图 5.7(d))。

(5)液压元件泄漏孔应该尽量与回油孔合并。

(6)水平位置孔可分层进行布置。根据水平孔道布置的需要，液压元件可以上下左右移动一个小距离 d，如图 5.8 所示。

(7)溢流阀的先导阀部分可以伸出集成块外，多数元件如压力阀、流量阀和单向阀，可以横向布置，也可以纵向布置，以统一及结构紧凑为原则。

(8)组合铣床的集成块设计。

图 5.9 是组合铣床集成块中的一块，集成块上布置了三个液压元件，采用 GE 系列液压阀。在系统中，此块回路的作用是压力调节，所以称为压力块。其余的集成块设计方法与此类似。

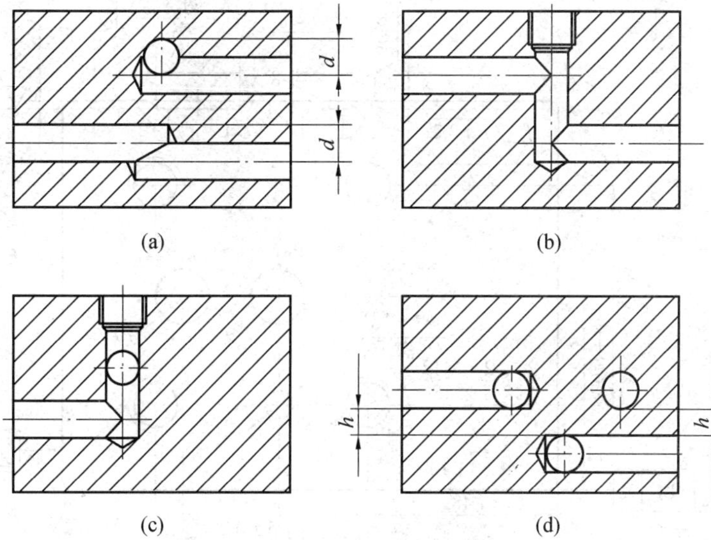

图 5.7　电磁阀布置图

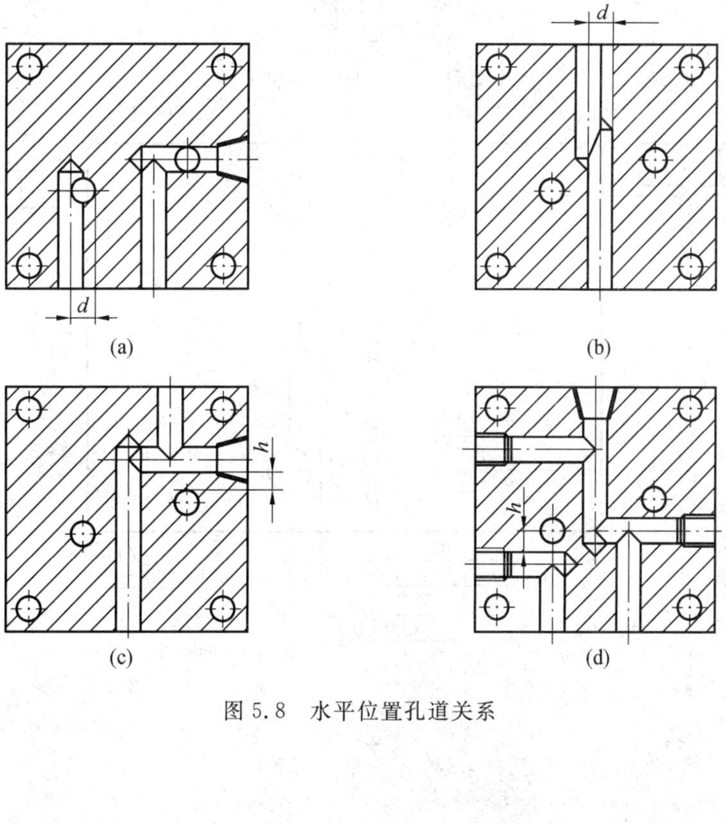

图 5.8　水平位置孔道关系

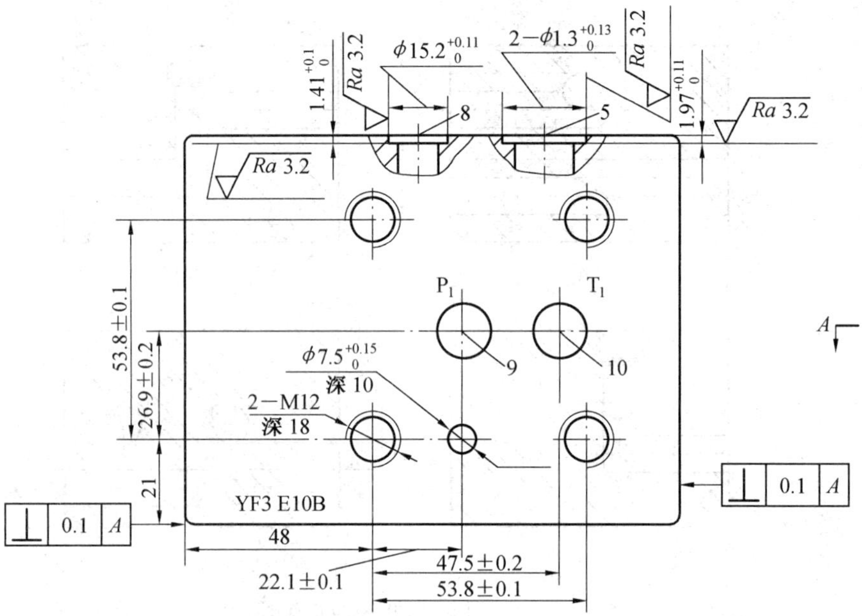

$\phi 15.2^{+0.11}_{0}$
$2-\phi 1.3^{+0.13}_{0}$
$1.41^{+0.1}_{0}$
$1.97^{+0.11}_{0}$
Ra 3.2
8
5
P1
T1
9
10
$\phi 7.5^{+0.15}_{0}$
深 10
2−M12
深 18
53.8±0.1
26.9±0.2
21
YF3 E10B
0.1
A
48
22.1±0.1
47.5±0.2
53.8±0.1

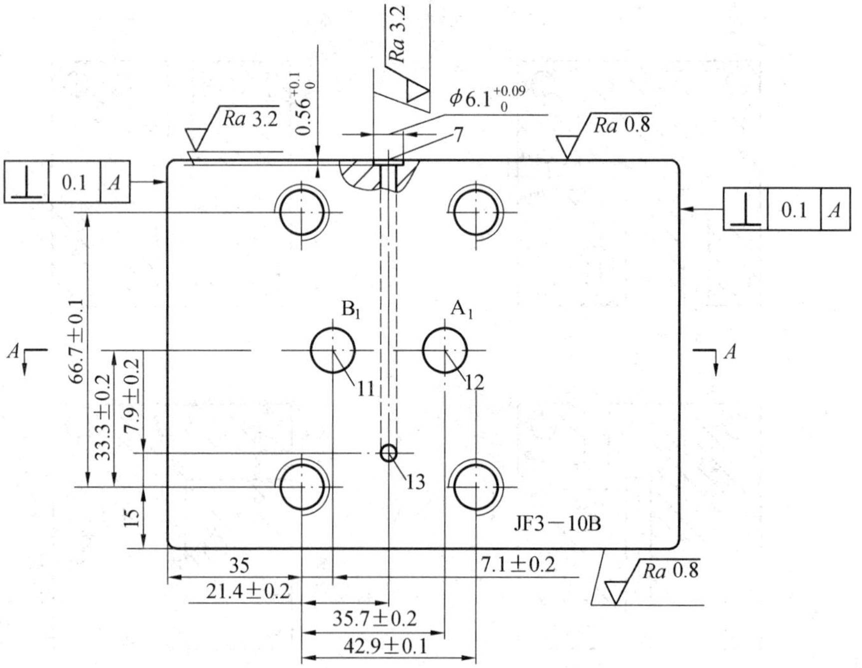

Ra 3.2
$0.56^{+0.1}_{0}$
$\phi 6.1^{+0.09}_{0}$
7
Ra 0.8
0.1
A
B1
A1
11
12
13
66.7±0.1
33.3±0.2
7.9±0.2
15
JF3−10B
35
7.1±0.2
21.4±0.2
35.7±0.2
42.9±0.1

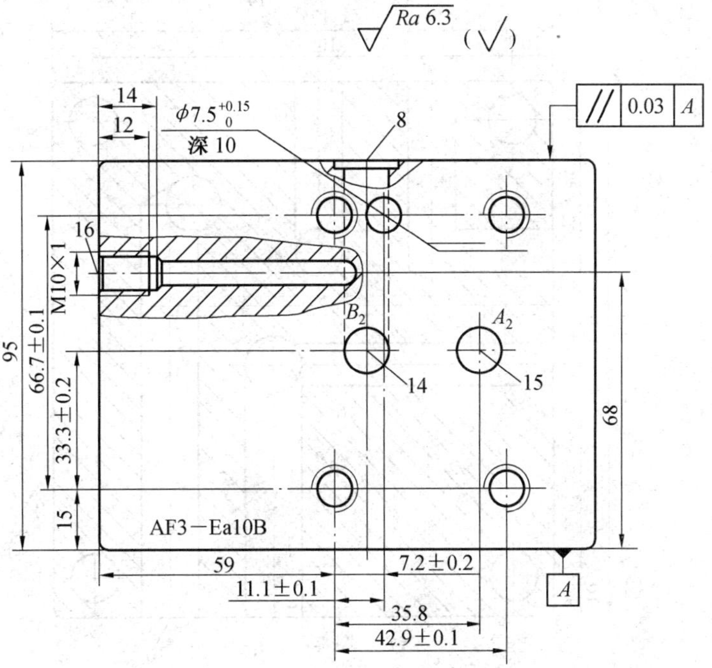
Ra 6.3
(√)
14
12
φ7.5 +0.15 0
深 10
8
0.03
A
16
M10×1
95
66.7±0.1
33.3±0.2
15
B2
A2
14
15
68
AF3－Ea10B
59
7.2±0.2
11.1±0.1
35.8
42.9±0.1
A

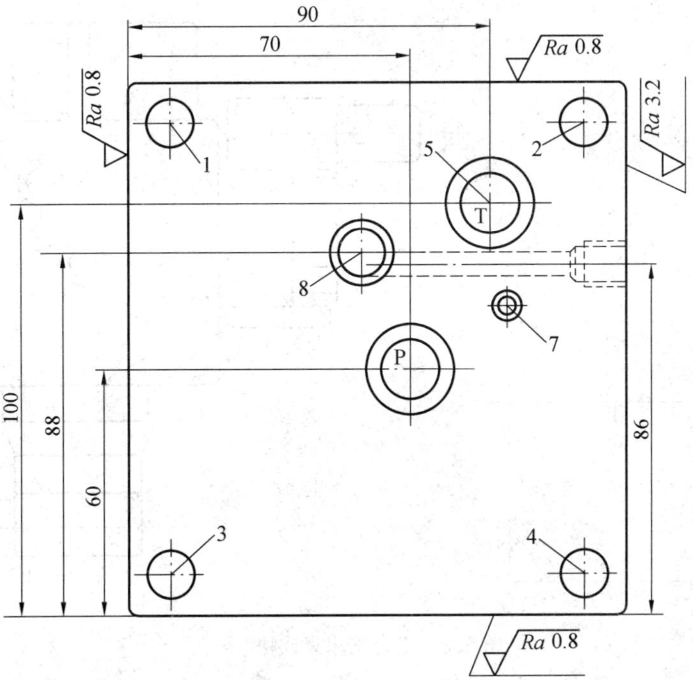
90
70
Ra 0.8
Ra 0.8
Ra 3.2
1
2
5
T
8
7
P
100
88
60
86
3
4
Ra 0.8

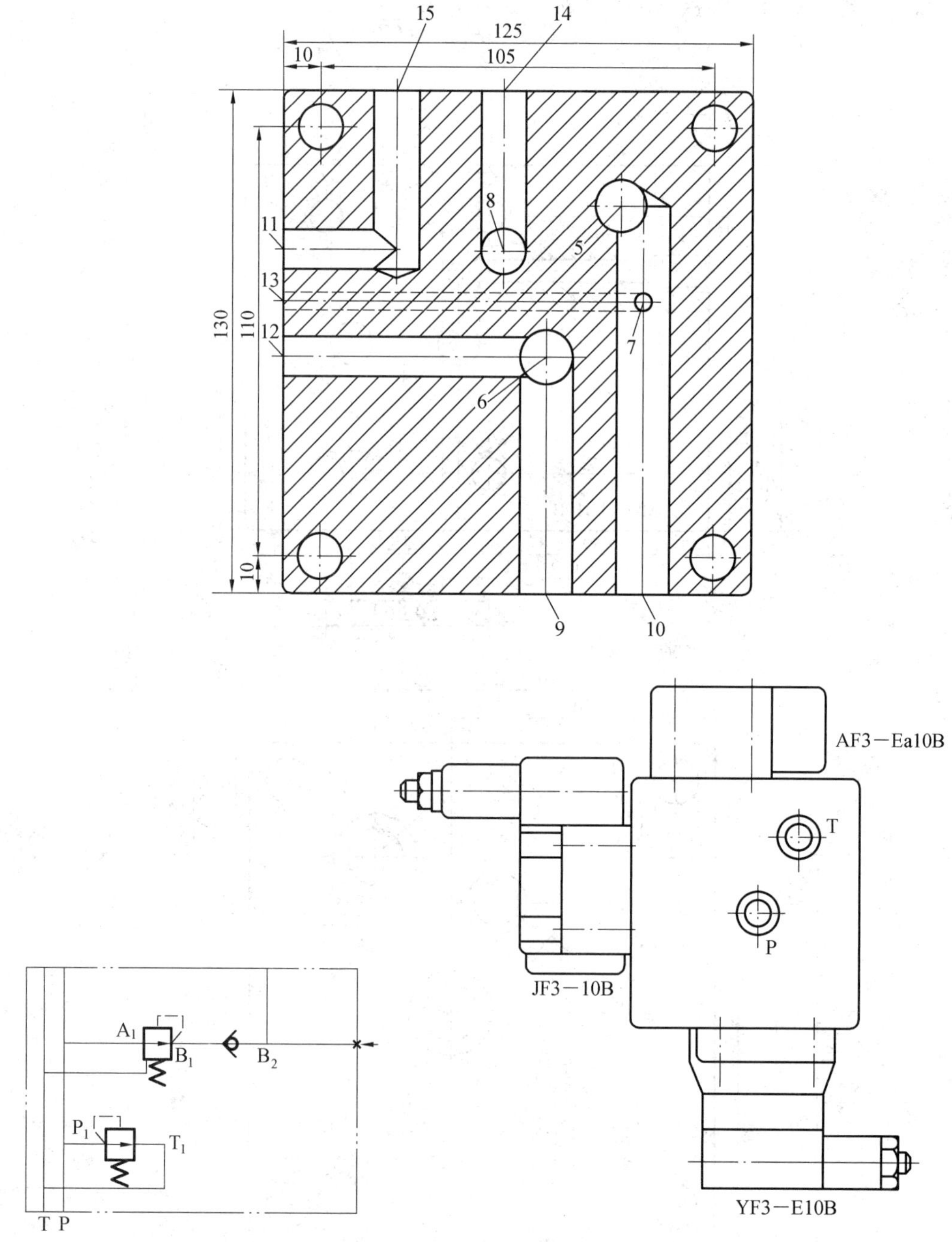
15
14
125
10
105
8
11
5
13
130
110
12
7
6
10
10
9
10
AF3－Ea10B
T
P
JF3－10B
YF3－E10B
A1
B1
B2
P1
T1
T P

图 5.9　组合铣床集成块

若液压单元集成块回路中液压元件较多或者不好安排时，可以采用过渡板把阀门与集成块连接起来。如：集成块某侧面要固定两个液压元件有困难，如果采用过渡板则会使问题比较容易解决。使用过渡板时，是块上加板。应注意，过渡板不能与上下集成块上的元件相碰，避免影响集成块的安装，过渡板的高度应比集成块小 2 mm。过渡板一般安装在集成块的正面，过渡板厚度为 35～40 mm，在不影响其他部件工作的条件下，其长度可稍大于集成块尺寸。过渡板上孔道的设计与集成块相同。可采用先将其用螺钉与集成块连好，再将阀装在其上的方法安装。

6. 绘制集成块零件图

集成块的六个面都是加工面，其中有三个侧面要装液压元件，一个侧面引出管道。块内孔道纵横交错、层次多，需要多个视图和 2～3 个剖面图才能表达清楚。孔系的位置精度要求高，因此尺寸、公差及表面粗糙度均应标注清楚，技术要求也应予以说明。集成块的视图比较复杂，视图应尽可能少用虚线表达。

7. 检验液压油路的设计

图 5.10 为组合铣床的液压集成回路图。一个完整的液压集成回路由底板，供油回路，压力控制回路，方向回路，调速回路，顶盖及测压回路等单元液压集成回路组成，见表5.3。液压集成回路设计完成后，要和液压回路进行比较检验，分析工作原理是否相同，否则说明液压集成回路出现了差错。

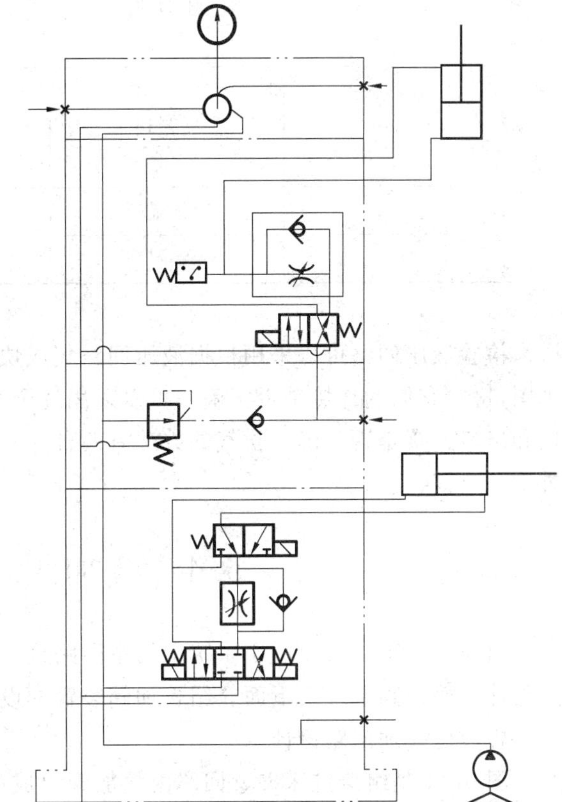

图 5.10　组合铣床液压集成回路图

表 5.3　组合铣床的液压集成块装配表

序号	集成块名称	安装元件	规　格
1	底　板	直通管接头	A10JB1902・77
2	方向调整块	单向调速阀 电磁换向阀 电磁换向阀	AQF3・E10B 23EF3・B・E10B 34EF30・E10B
3	压力块	单向阀 减压阀 溢流阀	AF3・EA10B JP3・10B YF3・E10B
4	夹紧块	压力继电器 单向节流阀 电磁换向阀	DP1・63B ALF・E10B 24EF3・E10B
5	顶盖	压力表装置	KF3・E3B
6	螺钉		M12×20

检验液压回路可以采用根据液压回路集成块重新画图的方法，一个阀、一个阀地重新画图，检验它们的连接是否正确。可以采用逐个阀口吹气检验的方法，即检验每个阀的进口和出口连接是否正确。吹气的方法有两种，一是用自行车打气筒，另一个方法是吸一口香烟，然后吹气。

5.4　叠加阀装置设计

前面已将组合铣床液压系统中的主回路设计成了液压油路板，在此将余下的夹紧回路设计成叠加阀系统。下面介绍叠加阀装置的设计。

1. 液压叠加回路设计

图 5.11 是组合铣床夹紧回路由叠加阀组成的液压叠加回路。要把普通液压回路变成液压叠加回路，应先对叠加阀系列型谱进行研究，重点注意的是叠加阀的机能、通径和工作压力，对要选用的叠加阀应将其与普通阀原理相对比，验证其使用后的正确性，最后将选好的叠加阀按一定的规律叠成液压叠加回路，绘制叠加回路图。绘制叠加回路图时，要注意如下几点：

①主换向阀、叠加阀、底板块之间的通径连接尺寸应一致，图 5.11 中采用的是10 mm 通径系列的叠加阀。

②主换向阀应该布置在叠加阀的最上面，兼作顶盖用。执行元件通过连接油管和底

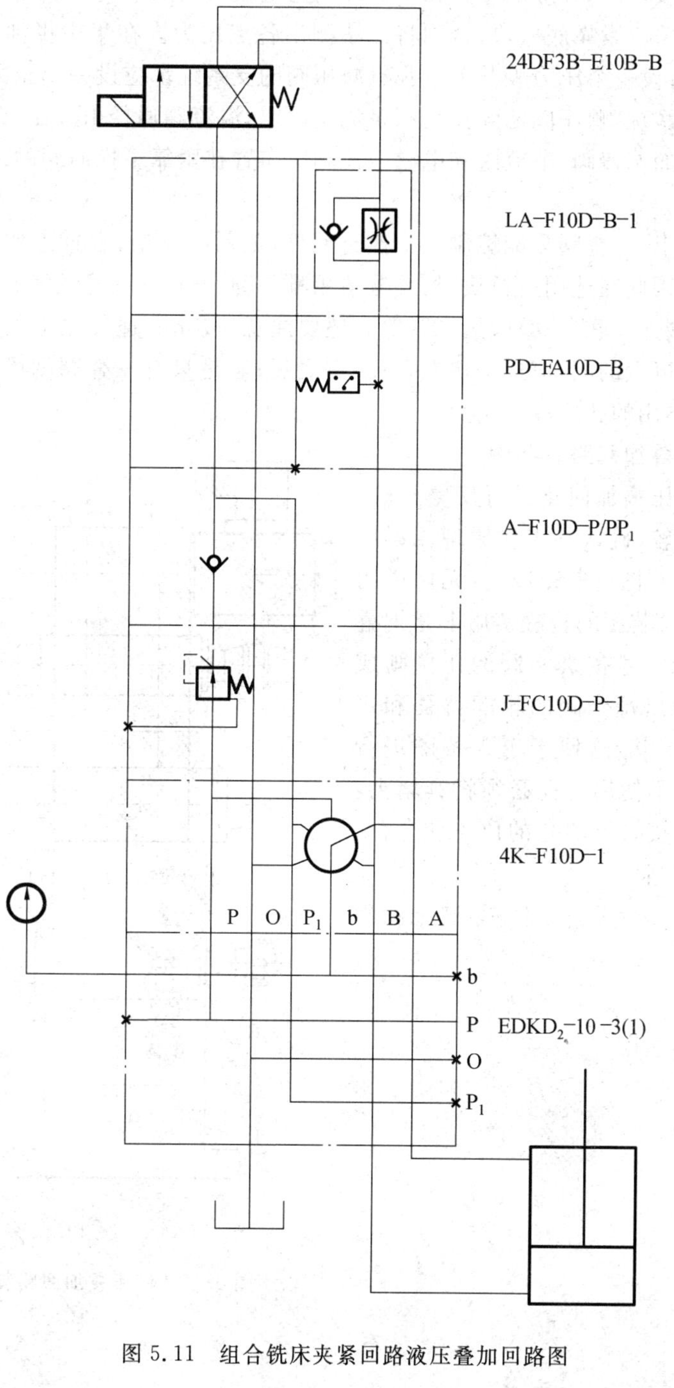

图 5.11　组合铣床夹紧回路液压叠加回路图

板块的下底面连接，各个叠加阀布置在主换向阀与底板块之间。

③压力表开关应紧靠底板块，否则将无法测出各点压力。在集中供油多块底板的组合系统中，至少直设一个压力表开关。凡有减压阀的支系统都应设一个压力表开关。

④集中供油系统，顺序阀已经按高压泵流量确定，溢流阀通径由液压泵总流量确定。

⑤回油路上的调速阀、节流阀和电磁节流阀应布置在紧靠主换向阀的地方，尽量减少回油路压力损失。

⑥一般情况下，一叠阀只能控制一个执行元件，如系统复杂，多缸工作是可通过底板连接出多叠阀。因此在选用底板块时，要分清用哪一种。6 mm 通径的底板块可按需要直接选联数，一叠阀选一联，二叠阀选二联等。还要注意 10 mm 通径之上的底块有左中右之分。如有二叠以上的阀，应选一块左，一块右底板；若是只有一叠阀则可只选用一块左边块或右边块，不用的孔应注明堵死。

2. 绘制液压叠加回路总装图

把设计的液压叠加回路进行反复校验，与系统图进行比较，确认其工作原理无误后即可动手绘制总装图(图 5.12)。元件说明见表 5.4。绘制总装图的过程实质上是把叠加回路上的职能符号按真实阀的比例画成图。画图时要画出每个阀的轮廓特征和每个附件的位置、形状，这便于工人按图进行装配。底板块上不使用的孔必须将其堵上，还要注明向外连接管道的孔的位置和名称，如：A、B、P、和 T 等。

叠加阀系统一般没有零件图，装配图画好之后即可生产。

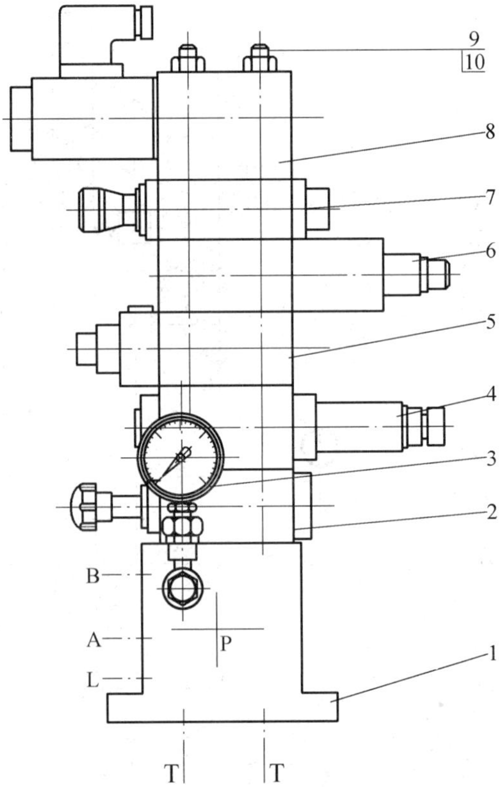

图 5.12　液压叠加回路装配总图

表 5.4　液压叠加回路元件明细

序号	代号	名称	数量	标准
1	$EDKD_2$－10－3(1)	底板块	1	ISO4401
2	4K－F10D－1	压力表开关	1	ISO4401
3	Y－60	压力表	1	
4	J－FC10D－P－1	液压阀	1	ISO4401
5	A－F10D－P/PP_1	单向阀	1	ISO4401
6	PD－Fa10D－B	压力继电器	1	ISO4401
7	LA－F10DB－1	单向节流阀	1	ISO4401
8	24EF3B－E10B－A	电磁换向阀	1	ISO4401
9	M10	螺栓	4	
10	M10	螺母	4	

第6章 液压系统设计实例

6.1 钻镗专用机床液压系统设计

设计钻镗专用机床液压系统，其工作循环为定位一夹紧一快进一工进一死挡铁停留一快退一停止一拔销松开等自动循环，采用平导轨，主要性能参数见表6.1。

表6.1 钻镗专用机床液压系统主要性能参数

液压缸	负载力/N	工作台重量/N	工作台及夹具重量/N	行程/mm		速度/(m·min^{-1})			启动时间/s	静摩擦系数 f_J	动摩擦系数 f_D
				快进	工进	快进	工进	快退			
进给缸 夹紧缸	25 000 1 900	1 500	600	150	70	3.5	0.2	5	0.3	0.21	0.11

6.1.1 进行工况分析

液压缸负载主要包括切削阻力、惯性阻力、重力、密封阻力和背压阀阻力等。

(1) 切削阻力 F_Q。

$$F_Q = 25\ 000\ \text{N}$$

(2) 摩擦阻力 F_J，F_D。

$$F_J/\text{N} = F_F \times f_J = 1\ 500 \times 0.21 = 315$$

$$F_D/\text{N} = F_F \times f_D = 1\ 500 \times 0.11 = 165$$

式中 F_F—— 运动部件作用在导轨上的法向力；

f_J—— 静摩擦系数；

f_D—— 动摩擦系数。

(3) 惯性阻力。

$$F_G/N=\frac{G\Delta v}{g\Delta t}=\frac{1\ 500\times 5}{9.8\times 0.5\times 60}=25.5$$

式中　g—— 重力加速度；

G—— 运动部件重力；

Δv—— 在时间 t 内变化值；

Δt—— 启动加速度或减速制动时间。

(4) 重力 F。

因运动部件是水平位置，故重力在水平方向的分力为零。

(5) 密封阻力 F_M。

一般按经验取 $F_M=0.1F$（F 为总负载）。本例中按 F 除以 0.9 计算。

(6) 背压阻力。

背压阻力是液压缸回油路上的阻力，初算时可先不计，其数值待系统确定以后才可以确定。

根据以上分析，可以计算出液压缸各动作中的负载见表 6.2。

表 6.2　钻镗专用机床液压系统负载表

工况	计算公式	液压缸的负载 /N
启动	$F_Q=F_J+F_M$	$F_Q=315/0.9=350$
加速	$F_J=F_D+F_G+F_M$	$F_J=(165+25.5)/0.9=212$
快进	$F_K=F_D+F_M$	$F_K=165/0.9=183$
工进	$F_G=F_Q+F_D+F_M$	$F_G=(25\ 000+165)/0.9=27\ 961$
快退	$F_K=F_D+F_M$	$F_K=165/0.9=183$

6.1.2　绘制液压缸的负载图和速度图

根据表 6.2 中的数值，绘制出液压缸的负载图和转速图，这样便于利用计算机分析液压系统。

液压缸的负载图及速度图如图 6.1 所示。

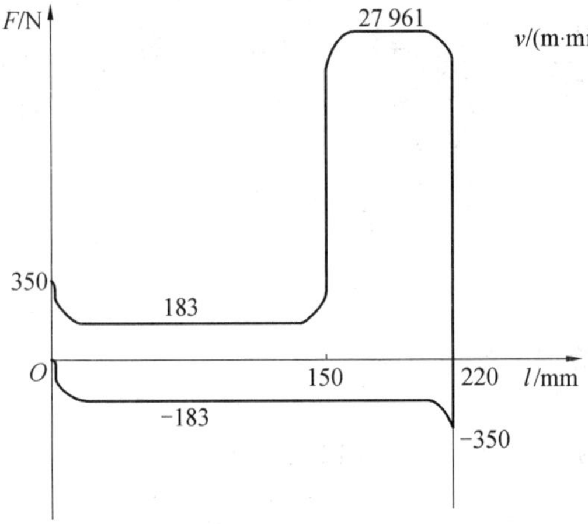

(a) 负载图

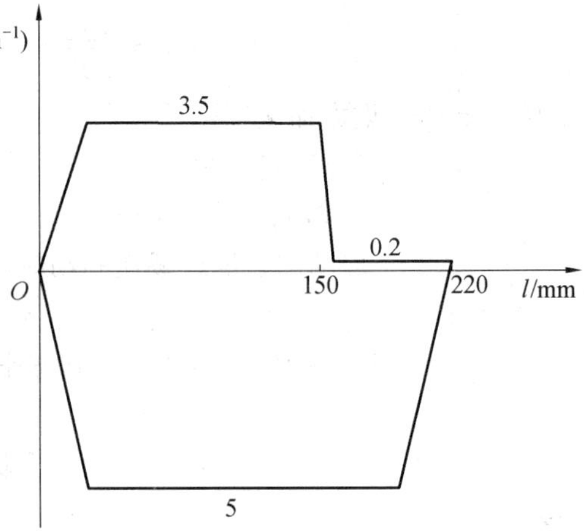

(b) 速度图

图 6.1　液压缸负载图与速度图

6.1.3　拟订液压系统原理图

1. 调速回路的选择

根据液压系统要求，进给速度平稳，孔钻透时不前冲，可选用调速阀的进口节流调速回路，出口加背压。

2. 快速回路的选择

根据设计要求 $v_K = 3.55\ m/min$，$v_{KT} = 5\ m/min$，而尽量采用较小规格的液压泵，可以选择差动连接回路。

3. 速度换接回路的选择

根据设计要求，速度换接要平稳可靠，另外是专业设备，所以可采用行程阀的速度换接回路。若采用电磁阀的速度换接回路，调节行程比较方便，阀的安装也较容易，但速度换接的平稳性较差。

4. 换向回路的选择

由速度图可知，快进时流量不大，运动部件的重量也较小，在换向方面又无特殊要求，所以可选择电磁阀控制的换向回路。为方便连接，选择三位五通电磁换向阀。

5. 油源方式的选择

由设计要求可知，工进时负载大，速度较低，而快进、快退时负载较小，速度较高。为节约能源减少发热。油源宜采用双泵供油或变量泵供油。选用双泵供油方式，在快进、快退时，双泵同时向系统供油，当转为共进时，大流量泵通过顺序阀卸荷，小流量泵单独向系统供油，小泵的供油压力由溢流阀调定。若采用限压变量泵叶片泵油源，此油源无溢流损失，一般可不装溢流阀，但有时为了保证液压安全，仍可在泵的出口处并联一个溢流阀起安全作用。

6. 定位夹紧回路的选择

按先定位后夹紧的要求，可选择单向顺序阀的顺序动作回路。通常夹紧缸的工作压力低于进给缸的工作，并由同一液压泵供油，所以在夹紧回路中应设减压阀减压，同时还需满足：夹紧时间可调，在进给回路压力下降时能保持夹紧力，所以要接入节流阀调速和单向阀保压。换向阀可连接成断电夹紧方式，也可以采用带定位的电磁换向阀，以免工作时突然断电而松开。

7. 动作转换的控制方式选择

为了确保夹紧后才进行切削，夹紧与进给的顺序动作应采用压力继电器控制。当工作进给结束转为快退时，由于加工零件是通孔，位置精度不高，转换控制方式可采用行程开关控制。

8. 液压基本回路的组成

将已选择的液压回路组成符合设计要求的液压系统并绘制液压系统原理图。此原理图除应用了回路原有的元件外，又增加了液压顺序阀 5 和单向阀等，其目的是防止回路间干扰及连锁反应。从原理图中进行简要分析：

(1) 快进时，阀 2 左位工作，由于系统压力低，液控顺序阀 5 关闭，液压缸有杆腔的回油只能经换向阀 2、单向阀 4 和泵流量合流经单向行程调速阀 3 中的行程阀进入无杆腔而实现差动快进，显然不增加阀 5，那么液压缸回油通过阀 6 回油箱而不能实现差动。

(2) 工进时，系统压力升高，液控顺序阀 5 被打开，回油腔油液经液控顺序阀 5 和背压阀 6 流回油箱，此时，单向阀 4 关闭，将进、回油路隔开，使液压缸实现工进。

(3) 系统组合后，应合理安排几个测压点，这些测压点通过压力表开关与压力表相接，可分别观察各点的压力，用于检查和调试液压系统。

液压系统原理图如图 6.2 所示。集成块设计的液压原理图如图 6.3 所示。

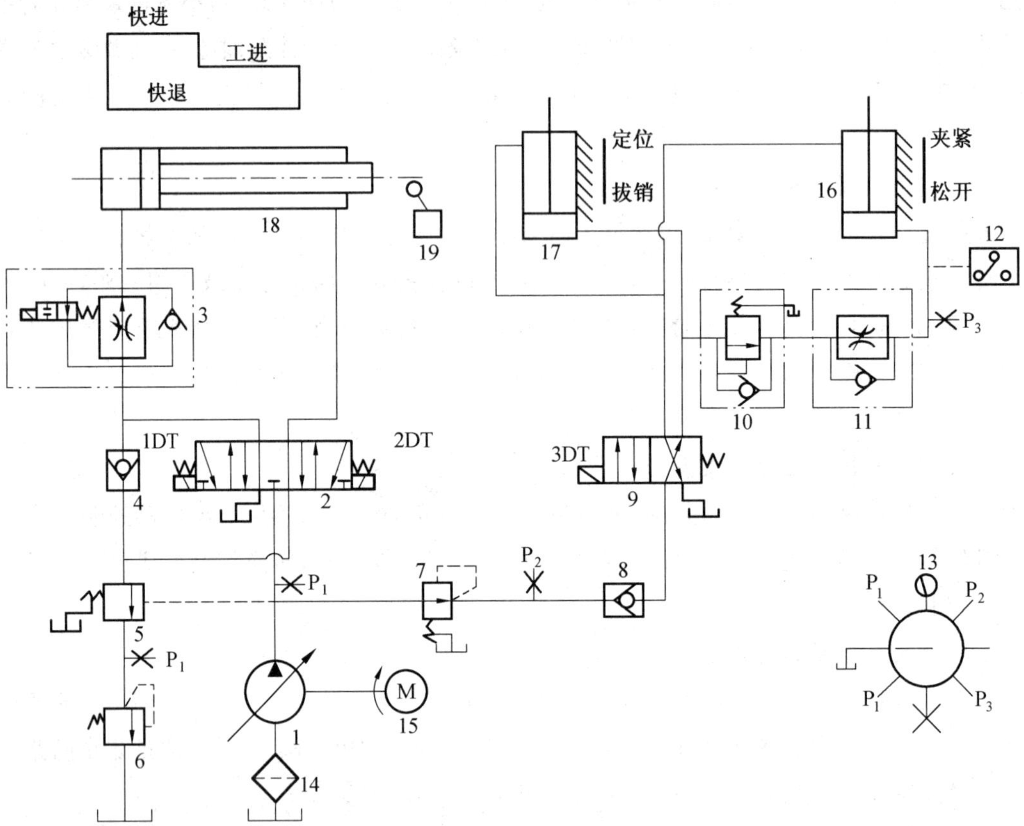

图 6.2　液压系统原理图

6.1.4　确定执行元件主要参数

1. 工作压力的确定

工作压力可根据负载大小及设备类型来初步确定，参阅表 2.1、表 2.2，根据 $F_{工}=27\ 961\ \mathrm{N}$，选 $p_{工}=4\ \mathrm{MPa}$。

2. 确定液压缸的内径 *D* 和活塞杆直径 *d*

按 $p_2=0$，油缸的机械效率 $\eta=1$，将数据代入下式：

$$D/\mathrm{m}=(4F_{工}/\pi p_{工})^{1/2}=[4\times 27\ 961/(\pi\times 4\times 10^6)]^{1/2}\approx 0.094$$

根据液压缸尺寸系列表 2.4，将直径圆整成标准直径 $D=100\ \mathrm{mm}$。

根据液压缸快进快退速度相近，取 $d/D=0.7$，则活塞杆直径 $d/\mathrm{mm}=0.7\times 100=70$。按活塞杆系列表 2.5，取 $d=70\ \mathrm{mm}$。

根据已取缸径和活塞杆内径，计算出液压缸实际有效工作面积，无杆腔面积 A_1 和有

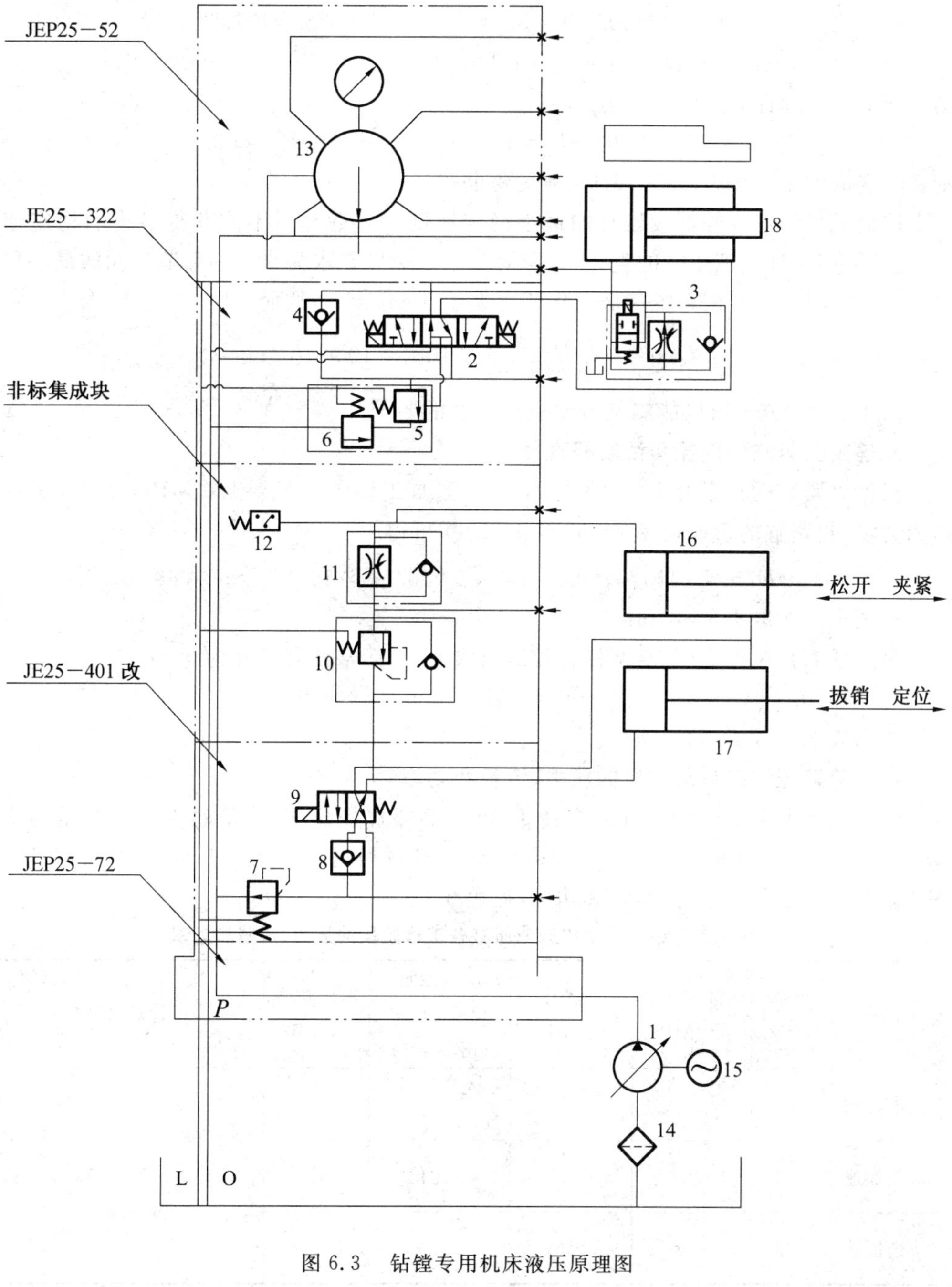

图 6.3　钻镗专用机床液压原理图

杆腔面积 A_2 分别为

$$A_1/m^2=\pi D^2/4=3.14\times 0.1^2/4\approx 78.5\times 10^{-4}$$

$$A_2/m^2=\pi(D^2-d^2)/4=3.14\times(0.1^2-0.7^2)/4\approx 40\times 10^{-4}$$

则液压缸的实际计算工作压力为

$$p/\text{MPa}=4F/\pi D=4\times 27\ 961/(\pi\times 0.1^2)\approx 3.6$$

则实际选取的工作压力 $p=4$ MPa 满足要求。

按最低工作速度验算液压缸的最小稳定速度。若验算后不能获得最小的稳定速度时，还需要相应加大液压缸的直径，直至满足稳定速度要求为止。一般节流阀的最小稳定流量为 50 mL/min，该系统最低工作速度大于 5 cm/min，故而

$$Q/v=\frac{50\ \text{mL/min}}{5\ \text{cm/min}}\times 10^{-4}=10\times 10^{-4}\ \text{m}^2$$

由于 $A>Q/v$，所以能满足最小稳定速度的要求。

3. 确定夹紧缸的内径和活塞杆直径

根据夹紧缸的夹紧力 $F_J=1\ 900$ N，选夹紧缸工作压力 $P_J=1.0$ MPa，可以认为回油压力为零，夹紧缸的机械效率 $\eta=1$，按式(2.4)可得

$$D/\text{m}=(4F_J/\pi P_J)^{\frac{1}{2}}=[4\times 1\ 900/(\pi\times 10^6)]^{\frac{1}{2}}\approx 0.049$$

根据表 2.4 取 $D=50$ mm。

根据活塞杆工作受压，活塞杆直径适当取大时，活塞杆直径 d 为

$$d/\text{mm}=0.5D=0.5\times 50=25$$

根据表 2.5 取 $D=25$ mm。

4. 计算液压缸各运动阶段的压力、流量和功率

根据上述所确定的液压缸的内径 D 和活塞杆直径 d，以及差动快进时的压力损失 $\Delta p=0.5$ MPa，工进时的背压力 $p=0.8$ MPa，快进快退时，$p=0.5$ MPa，则可以计算出液压缸各工作阶段的压力、流量和功率，见表 6.3。

表 6.3　钻镗专用机床液压缸各工作阶段的压力、流量和功率

工况	负载 F/N	回油腔压力 p_2/MPa	进油腔压力 p_1/MPa	输入流量 $Q\times 10^{-4}$/($m^3\cdot s^{-1}$)	输出功率 N/kW	计算公式
快进启动	350	—	0.61	—	—	$p_1=(F+A_2\Delta p)/(A_1-A_2)$ $Q=(A_1-A_2)v_{快}$ $N=p_1Q$
快进加速	212	1.07	0.57	变化值	变化值	
快进恒速	183	1.067	0.567	2.25	0.128	

续表 6.3

工况	负载 F/N	回油腔压力 p_2/MPa	进油腔压力 p_1/MPa	输入流量 $Q\times10^{-4}$/($m^3\cdot s^{-1}$)	输出功率 N/kW	计算公式
工　进	27 961	0.8	4.0	0.26	0.104	$p_1=(F+A_2p_2)/A_1$ $Q=A_1v_I$;$N=p_1Q$
快退启动	350	—	0.088	—	—	
快退加速	212	0.5	1.034	变化值	变化值	$p_1=(F+A_1p_2)/A_2$ $Q=A_2v_{快}$ $N=p_1Q$
快退恒速	183	0.5	1.027	2.3	0.24	

根据表 6.3 可以用坐标法绘制出液压工况图，此图可以直观地看出液压缸各运动阶段的主要参数变化情况。

液压工况图如图 6.4 所示。

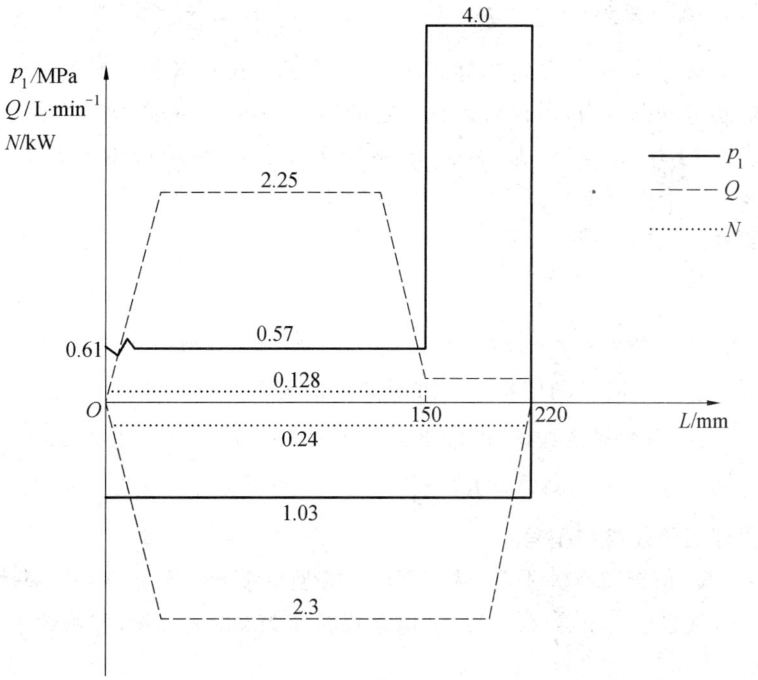

图 6.4　液压工况图

5. 计算夹紧缸的压力

进油腔压力为

$$p_1/\text{MPa}=F_J/A_1=\frac{1\ 900}{0.007\ 85}\times 10^{-6}\approx 0.24$$

6.1.5 确定液压泵的规格和电动机功率及型号

1. 计算液压泵的压力

液压泵的工作压力应当考虑液压缸最高有效工作压力和管路系统的压力损失，所以泵的工作压力为

$$p_B=p_1+\sum\Delta p$$

式中 p_B—— 液压泵最大工作压力；

p_1—— 液压缸最大有效工作压力；

$\sum\Delta p$—— 管路系统的压力损失，由于进口节流，出口加背压阀的调速方式，取 $\sum\Delta p=1$ MPa。

$$p_B/\text{MPa}=p_1+\sum\Delta p=F_1/A_1+1=\frac{27\ 961}{0.007\ 85}\times 10^{-6}+1\approx 4.6$$

上述计算所得的 p_B 是系统的静态压力，考虑到系统在各种工况的过渡阶段出现的动态压力往往超过静态压力，另外考虑到一定的压力储蓄量，提高泵的寿命，所以选泵的额定压力应满足约为 $(1.25\sim 1.6)p_B$，本系统为中低压系统应取小值，故取 $1.25p_B=5.75$ MPa。

2. 计算液压泵的流量

液压泵的最大流量 Q_B 应为

$$Q_B>K(\sum Q)_{max}$$

式中 $(\sum Q)_{max}$—— 同时动作各液压缸所需流量之和的最大值；

K—— 系统的泄漏系数，一般取 $K=1.1\sim 1.3$，现取 $K=1.2$。

$$Q_B/(\text{m}^3\cdot\text{s}^{-1})=K(\sum Q)_{max}=1.2\times 2.3\approx 2.8\times 10^{-4}$$

3. 选用液压泵规格和型号

根据 p_B、Q_B 值查阅有关手册，选用 YB－16 型单级叶片泵。该泵的基本参数为：排量为 16 L/min，额定压力 $p_B=6.3$ MPa，电动机转速为 960 r/min，容积效率 $\eta_c=0.9$，总效率 $\eta=0.7$。

4. 确定电动机功率及型号

由工况图可知，液压缸最大输入功率在快退阶段，可按此阶段估算电动机功率，由于

工况图中压力值不包括由泵到液压缸这段管路的压力损失，在快退时这段管路的压力损失若取 $\Delta P = 0.2$ MPa，液压泵总效率 $\eta = 0.7$，则电机功率 N_D 为

$$N_D/\text{kW} = p_B Q_B/\eta = 5.75 \times 10^6 \times 2.8 \times 10^{-4} \times 10^{-3}/0.7 = 2.3$$

查阅电动机样本，选用 Y132S－40 电动机，其额定功率为 3.0 kW，额定转速为 960 r/min。

5. 液压元件及辅助元件的选择

(1) 液压元件的选择。

根据所拟订的液压原理图进行计算和分析，通过各液压元件的最大流量和最高工作压力选择液压元件规格。

(2) 油管的计算和选择。

油管内径尺寸一般可参照选用的液压元件接口尺寸而定，也可以按管路允许流速进行计算，流量 $Q = 30$ L/min，压油管的允许流速取 $v = 4$ m/s，则压油管内径为

$$d/\text{cm} = \left(\frac{4Q}{\pi v}\right)^{\frac{1}{2}} = \left(\frac{4 \times 30 \times 10^{-3}}{3.14 \times 4 \times 60}\right)^{\frac{1}{2}} \times 10^2 \approx 1.2$$

可选内径为 $d = 11$ mm 的油管。

流量 $Q = 12$ L/min，吸油管的允许流速取 $v = 1.5$ m/s，则吸油管内径为

$$d/\text{cm} = \left(\frac{4Q}{\pi v}\right)^{\frac{1}{2}} = \left(\frac{4 \times 12 \times 10^{-3}}{3.14 \times 1.5 \times 60}\right)^{\frac{1}{2}} \times 10^2 \approx 1.3$$

可选内径为 $d = 12$ mm 的油管。

关于定位夹紧油路的管径，可按元件接口尺寸选择。

6. 油箱容量的确定

该方案为中压系统，液压油箱的有效容量按泵的流量 5～7 倍来确定，油箱的容量为

$$V/\text{L} = (5 \sim 7)\ Q_B = (5 \sim 7) \times 16.8 \approx 84 \sim 120$$

按 GB 2876—81 规定，且考虑散热因素，取靠近的标准值 $V = 250$ L。

6.1.6　验算液压系统性能

1. 回路压力损失验算

回路压力损失验算主要验算液压缸在各运动阶段中的压力损失。若验算后与原估算值相差较大，就要进行修改。压力算出后，可以确定液压泵各运动阶段的输出压力和某些元件调整压力的参考值。

液压系统压力损失包括管道内的沿程损失和局部损失，以及阀类元件的局部损失三项。计算系统压力损失时，可按不同的工作阶段分开计算。回油路上的压力损失可折算到进油路上。具体计算可将液压系统按工作阶段进行，例如快进、工进、快退等，按这些阶段，将管路划分成各工况流进液压缸，而后液压油从液压缸流回油箱的路线的管路，则每

条管路的压力损失可利用第 2 章介绍的式(2.7)～(2.12)进行计算：

$$\sum \Delta p = \sum \Delta p_{YJ} + \sum \Delta p_{JJ} + \sum \Delta p_{FJ} + \frac{(\sum \Delta p_{YH} + \sum \Delta p_{JH} + \sum \Delta p_{FH})A_2}{A_1}$$

式中　F'_x—— 某工作阶段总的压力损失，$F'_x = -\sum F_x = \rho \cdot Q(\beta_2 \nu_2 - \beta_1 \nu_1)$；

$\sum \Delta p_{YJ}$—— 液压油沿等径直管进入液压缸沿程压力损失值之和；

$\sum \Delta p_{JJ}$—— 液压油进入液压缸所经过液压阀以外的各局部的压力损失值之总和，例如液压油流进弯头，变径等；

$\sum \Delta p_{FJ}$—— 液压油进入液压缸时所经过各阀类元件的局部压力损失总和；

$\sum \Delta p_{YH}$—— 液压油沿等径直管从液压缸流回油箱的沿程压力损失值之和；

$\sum \Delta p_{JH}$—— 液压油从液压缸流回油箱所经过的除液压阀之外的各个局部压力损失之总和；

$\sum \Delta p_{FH}$—— 液压油从液压缸流回油箱所经过各阀类元件局部压力损失总和；

A_1—— 液压油进入液压缸时液压缸的面积；

A_2—— 液压油流回油箱时液压缸的面积。

$\sum \Delta p_{YJ}$ 和 $\sum \Delta p_{YH}$ 的计算方法是先用雷诺数判别流态，然后用相应的压力损失公式来计算，计算时必须先知道管长 L 及管内径 d，由于管长要在液压配管设计好后才能确定。所以下面只能假设一个数值进行计算。

$\sum \Delta p_{JJ}$ 和 $\sum \Delta p_{JH}$ 是指管路弯管、变径接头等，局部压力损失 Δp_J 可按下式计算：

$$\Delta p_J = \frac{\zeta \rho v^2}{2}$$

式中　ζ—— 局部阻力系数(可由有关液压传动设计手册查得)；

ρ—— 液压油的密度；

v—— 液压油的平均速度。

此项计算也要在配管装置设计好后才能进行。

$\sum \Delta p_{FJ}$ 及 $\sum \Delta p_{FH}$ 是各阀的局部压力损失 Δp_F，可按下式计算：

$$\Delta p_F = \Delta p_F \left(\frac{Q}{Q_F}\right)^2$$

式中　Δp_F—— 液压阀产品样本上列出的额定流量时局部压力损失；

Q—— 通过液压阀的实际流量；

Q_F—— 通过液压阀的额定流量。

另外若用差动连接快进时，管路总的压力损失 $\sum \Delta p$ 应按下式计算：

$$\sum \Delta p = \Delta p_{AB} + \sum \Delta p_{BC} + \frac{(\Delta p_{BD} + \Delta p_{BC})A_2}{(A_1 - A_2)}$$

式中　Δp_{AB}——AB 段总的压力损失，它包括沿程、局部及控制阀的压力损失；

Δp_{BC}——BC 段总的压力损失，它包括沿程、局部及控制阀的压力损失；

Δp_{BD}——BD 段总的压力损失，它包括沿程、局部及控制阀的压力损失；

A_1—— 大腔液压缸面积；

A_2—— 小腔液压缸面积。

现已知该液压系统的进、回油管长度均为 1 m，吸油管内径为 $\phi=13$ mm，压油管内径为 $\phi=11$ mm，局部压力损失按 $\Delta p_J = 0.15\Delta p_y$ 进行估算，选用 L－HL32 液压油，其油温为 15 ℃ 时的运动黏度 $\nu=1.5\ \mathrm{cm^2/s}$，油的密度 $\rho=920\ \mathrm{kg/m^3}$。按上述计算方法，得出各工作阶段压力损失数值经计算后见表 6.4。

表 6.4　各工作阶段压力损失数值　　MPa

		快进时	工进时	快退时
沿程损失		0.89	忽略不计	0.76
阀件局部损失	三位四通电磁阀	0.07	忽略不计	0.25
	单向行程调速阀(行程阀)	0.56		
	单向行程调速阀(调速阀)		0.5	
	单向行程调速阀(单向阀)			0.44
	单向阀	0.74		
	背压阀		0.41	
总损失		1.6	0.91	1.46

随后计算出液压泵各运动阶段的输出压力，计算公式及计算数值见表 6.5。

表 6.5　液压泵各运动阶段的输出压力

	计算公式	液压泵输出压力 /Pa
快进时	$p_{BK} = \dfrac{F_Q}{A_1 - A_2} + \sum \Delta p_K$ (因为 $F_Q > F_K$)	$p_{BK} = 350/(0.007\,85 - 0.004) + 1.6 \times 10^6 \approx 1.69 \times 10^6$
工进时	$p_{BG} = \dfrac{F_I}{A_1} + \sum \Delta p_G$	$p_{BG} = 27\,961/0.007\,85 + 0.91 \times 10^6 \approx 4.47 \times 10^6$

续表 6.5

	计算公式	液压泵输出压力 /Pa
快退时	$Q=\dfrac{\pi d^4}{128\mu L}\Delta p$ (因为 $F_Q > F_K$)	$p_{BKT}=183/0.004+1.46\times10^6\approx 1.51\times10^6$

液压泵在各阶段的输出压力是限压变量叶片泵和顺序阀调压时的参考数据，在调压时应当符合下面要求：

$$p_{BK}+p_F<p_{BG}$$
$$p_{BK}+p_Z<p_{BG}$$

其中　p_Z—— 限定压力；

p_{BK}—— 快进时泵的压力；

p_F—— 顺序阀调定压力；

p_{BG}—— 工进时泵的压力。

从上述验算表明，无须修改原设计。

2. 液压回路的效率

液压系统总效率 η 与液压泵的总效率 η_B、回路总效率 η_1 及执行元件总效率 η_m 有关，其关系为

$$\eta=\eta_B\eta_1\eta_m$$

各种形式的液压泵和液压马达的总效率可查阅有关样本和手册，液压缸的总效率可参阅表 2.9 选取。回路总效率可按下式计算：

$$\eta_1=\frac{\sum p_1Q_1}{\sum p_BQ_B}$$

本例题在各工作阶段中，工进所占的时间较长，所以液压回路的效率按工进时计算：

$$\eta_H=\frac{p_GQ_G}{p_BQ_B}=\frac{3.56\times10^6\times0.26}{4.47\times10^6\times0.26}\approx0.8$$

3. 液压系统的温升验算

工程上常用的近似计算方法 —— 液压系统的输入功率与输出功率之差就是系统运行中的能量损失，也就是系统产生的发热功率。在整个循环中，由于工进阶段所占时间最长，所以考虑工进时的温升。另外，变量叶片泵随着压力的增加，泄漏也增加，功率损失也增加，效率也很低。此时泵的效率 $\eta_B=0.031$。

$$p_B=4.47\times10^6\,\text{Pa},\quad Q_{BI}=1.56\ \text{L/min}$$

根据式(2.17)则有

$$N_{BI}/\text{kW}=N_{BO}/\eta_B=p_BQ_B/\eta_B=\frac{4.47\times10^6\times1.56\times10^{-3}}{0.031\times60}\times10^{-3}\approx0.375$$

系统总发热功率

$$\Delta N/\mathrm{kW}=N_{BI}(1-\eta_N)=N_{BI}(1-\eta_B\eta_H\eta_G)=$$
$$3.75\times(1-0.031\times0.80\times0.9)\approx0.367$$

式中　N_{BI}—— 泵的输入功率；

N_{BO}—— 泵的输出功率。

本系统取油箱容积 $V=180$ L，油箱三边尺寸比例为 1∶1∶1～1∶2∶3，则油液温升为

$$\Delta T/℃=\Delta N\times10^3/V^{2/3}=0.25\times10^3/180^{2/3}\approx11.5$$

通常液压机床取 $\Delta T=25\sim30$ ℃，可以看出，此温升没有超出允许范围，故该液压系统不必设置冷却装置。

6.2　压力机液压系统设计

人造板涂胶以后，是通过热压机热压成型的。根据加工质量的要求，制定出合理的热压曲线，才能够生产出合格的人造板产品。

6.2.1　液压系统性能及参数的初步确定

1. 压机的工艺循环

为满足加工质量的要求，压机在一个工作循环中的动作为：快速闭合并短时保压 — 降压保压 — 增压保压。一般称此工艺为三段加压法(图 6.5(a))，即

第一段(时间 t_1)：高压排水阶段，即在高压下，将湿板坯(一般含水率为 65%～75%)多余的水分挤出；

第二段(时间 t_2)：干燥阶段，即在较低压力下，用热力蒸发掉其余需要排除的水分；

第三段(时间 t_3)：塑化阶段，即在高温高压下，促使纤维塑化与结合，形成坚固的板材。

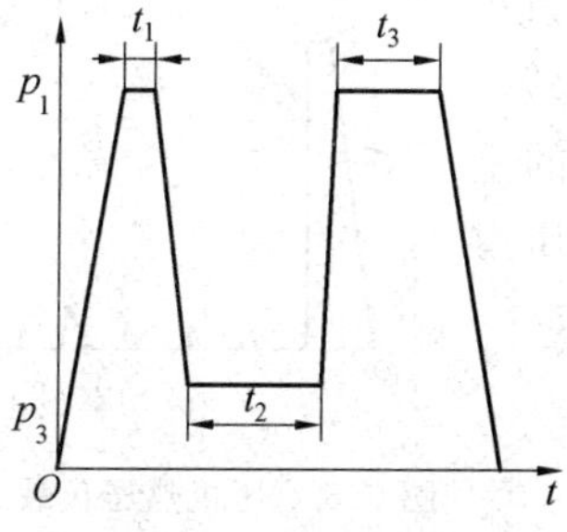

(a) 压机工作顺序

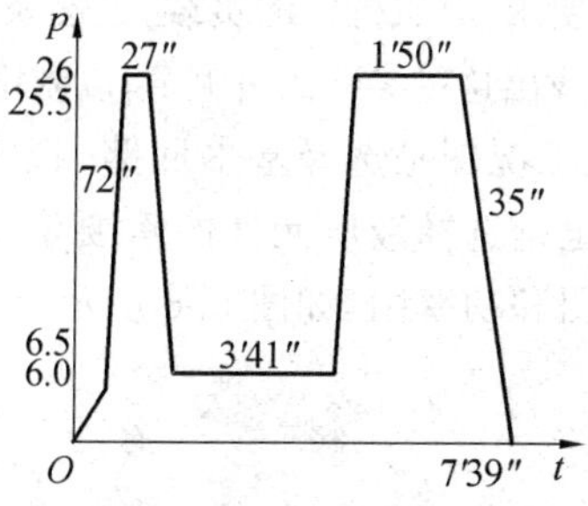

(b) 压机热压曲线

图 6.5　压机工作顺序及热压曲线

2. 压机负载图(热压曲线)的编制

压机负载图表示压机在一个循环中的各阶段压力和时间的关系。压机各阶段压力是由加工质量决定的。其高压排水阶段和塑化阶段的压力,依加工质量要求的幅面压强折算到油缸的压力为

$$p_1/\mathrm{MPa}=\frac{W}{An}=\frac{20\ 000\ 000}{3\ 846\times 2}\approx 26$$

式中　W—— 压机总负载,t,国内人造板机器厂:SA 型,$W=2\ 000$ t; SY 型,$W=1\ 250$ t。

n—— 柱塞数,通常取为偶数;

A—— 液压机柱塞式油缸单缸工作面积,$A=\pi D^2/4$,D 为柱塞直径,$\mathrm{cm^2}$,国内人造板机器厂:SA 型,$D=700$ mm,$A=3\ 846\ \mathrm{cm^2}$;SY 型,$D=320$ mm,$A=804\ \mathrm{cm^2}$。

干燥阶段压力 p_2,由工艺要求决定,通常取 $p_2=6.5$ MPa。

压机在各阶段保压的时间是根据板坯在各阶段温度和水分的变化情况由工艺要求确定的。

综合一个周期各阶段的压力和时间关系,即可得到如图 6.5(b) 所示的压机热压曲线。

在明确了液压系统之后,就可以着手对压机的工作过程各种工况进行分析,初步确定液压缸(柱塞)的各种尺寸,编制液压执行件的负载图。

6.2.2　工况分析和工况图的编制

工况分析即是分析压机工作过程中的具体情况,根据加工质量的要求,对执行件的负载、速度及功率等变化规律进行分析并且找出这些参数的最大值,以制定出合理的热压曲线。

压机工况图是选择基本回路,拟定液压系统方案的重要依据,也是选择液压元件的重要依据。其内容包括压力图、流量图和功率图,如图 6.6 所示。

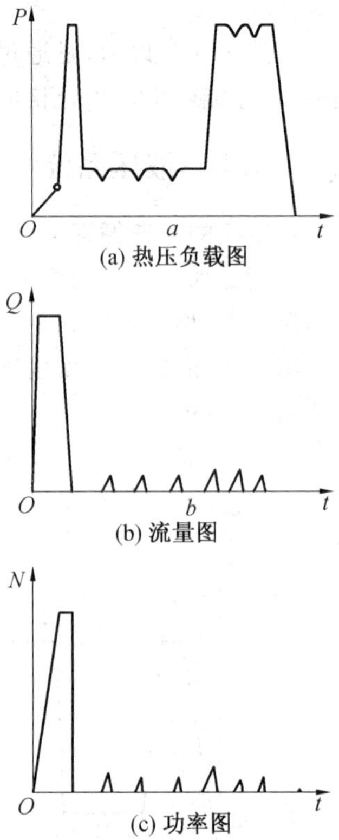

图 6.6　压机热压负载、流量、功率图

(1) 压力图,即热压曲线图(图 6.6(a))。

(2) 流量图,表示进入油缸的流量 Q 和时间的关系图(图 6.6(b))。Q 为同一时间各液压泵(包括蓄能器)向油缸供油量的和,其最大值可按下式确定:

$$Q_{\max}=\frac{AnH}{1\ 000t}\quad (\mathrm{L/min})$$

式中　A—— 柱塞承压面积,cm^2;

n—— 柱塞数;

H—— 快速闭合行程,cm;

t—— 快速闭合时间,$t=0.5\sim 1$ min。

代入 SA 型数据,计算得 $Q_{\max}/(\mathrm{L\cdot min^{-1}})=\dfrac{3.14\times 70^2}{4}\times 2\times\dfrac{198}{1\ 000\times 0.5}\approx 3\ 046$

(3) 功率图,表示在一个循环的各阶段功率和时间的关系图(图 6.6(c)),依 $N=pQ$ 绘出。代入 SA 型数据,计算得 $N_{\max}/\mathrm{kW}=\dfrac{25\times 3\ 046}{612}\approx 124$。这只是一个短时间超载值,是允许的。

6.2.3　液压系统图的拟定

拟定液压系统图是整个系统设计的重要一步,它是从油路的结构上来体现设计提出的各项性能要求,其内容为:①通过工作负载分析选出合适的液压回路;②把选出的液压回路组合成液压系统。

1. 液压回路的选择

工况图是选择基本回路的依据,结合压机的具体工况,其基本回路也包括以下几种:

(1)调压回路(图 6.7)。

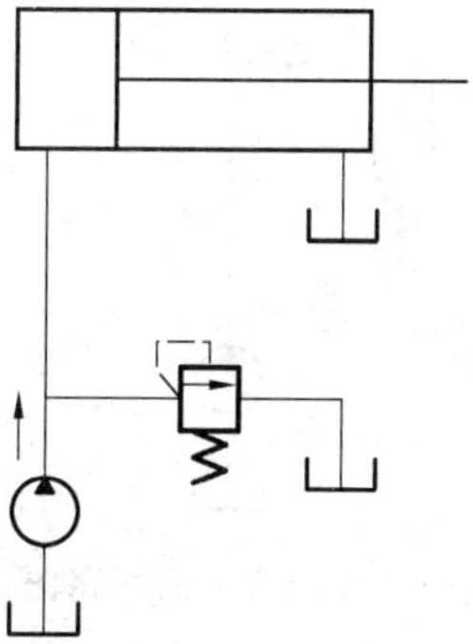

图 6.7　调压回路图

压机工作压力通常通过电控压力表进行调整。为适应该系统压力较高的要求,可以把溢流阀作为安全阀，其调整压力较系统工作压力高出约10%。

(2)快速运动回路。

为使压板快速闭合，可以采用限压式泵、蓄能器和双泵供油以及上述方法组合的回路。

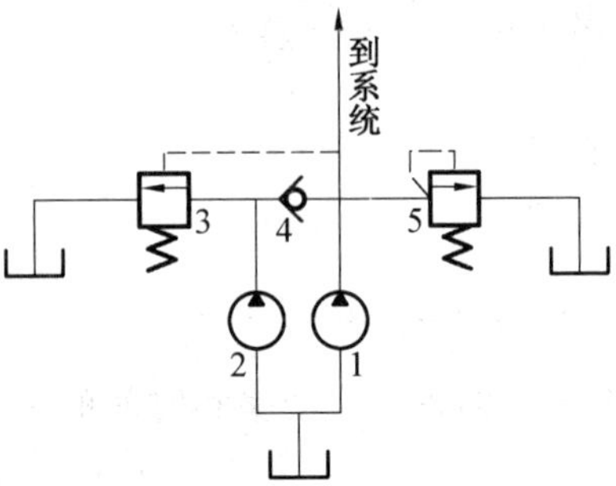

图6.8　双泵供油、快速运动回路图

图6.8是采用液控顺序阀控制大泵卸荷的双泵供油回路；也可以采用电控压力表控制电磁离合器使大泵工作或停转，如图6.10所示。

(3)蓄能器供油回路。

对于调压系统的执行机构，在一个工作循环内，只是快速闭合期间要求高速大流量，并且闭合时间比工作时间小得多。对于此种情况的液压系统可设置蓄能器，图6.9为蓄能器供油回路图。这时系统中泵的流量可按一个循环中的平均流量来选取。

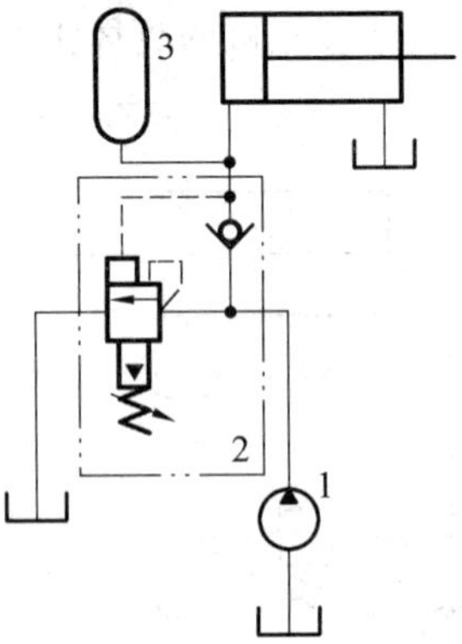

图6.9　蓄能器供油回路图

(4)保压回路。

压机在三段加压的过程中，都有保压问题。压机常用单向阀和电控压力表来控制压力和保压。其工作原理是：当泵输出压力达到要求压力的上限时，电控压力表发出信号使

电机 D_2 断电，单向阀使系统保压；当系统压力下降到要求压力的下限时，电控压力表使电机 D_2 接通，油泵启动补压，如图 6.10 所示。

(5)降压、增压及换向回路。

压机进入干燥阶段需要降压保压，再进入塑化阶段又需要增压保压；一个工作循环完了，柱塞应反向运动(换向)。其控制由液控单向阀、二位四通电磁阀和电控压力表完成，如图 6.10 所示。

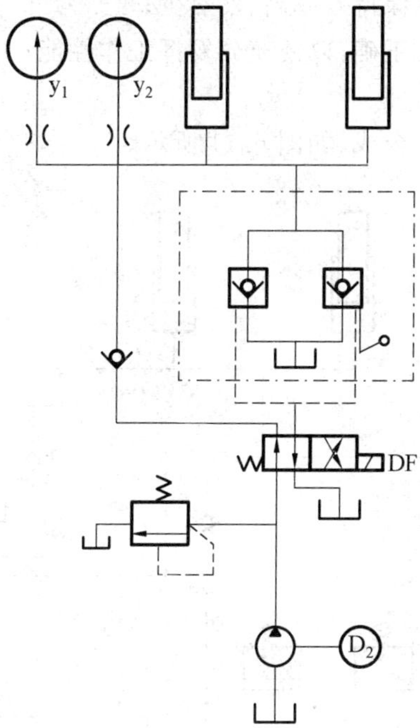

图 6.10　降压、增压及换向回路图

①降压保压：当第一阶段保压时间结束，电磁铁 DF 立即得电，同时 D_2 启动，液控单向阀开启，油缸因回油使压力下降，当其压力降到干燥阶段指定压力的上限时，电控压力表 y_1 使 DF 断电，使液控单向阀关闭保压，其保压时间由时间继电器 T_2 控制，当压力低于指定压力下限时，y_2 使 D_2 得电进行补压。

②增压保压：在第二阶段保压完成后，D_2 得电，使系统压力上升，当其压力达到第三阶段工作压力时由 y_1 控制使 D_2 断电，单向阀保压，同时时间继电器 T_3 开始计时。

③换向复位：当第三阶段保压时间到达时，T_3 使 DF 得电，同时 D_2 启动、使液控单向阀全开，柱塞换向油缸放油复位。

④如换向系统出现故障，可扳动液控单向阀手动杠杆，使其打开单向阀，油缸柱塞下降复位。

2. 液压系统的合成

满足系统要求的各种基本回路选好之后，再配上一些测压、润滑之类的辅助油路，就可以进行液压系统的合成。进行这步工作时，必须注意以下几点：

①尽可能多地归并相同作用或相近的元件，力求系统结构简单；

②归并出来的系统应保证各回路在其工作阶段正常，互相间没有干扰；

③归并出来的系统应保证其循环工作中的每个动作都安全可靠；

④尽可能使归并出来的系统保持效率高、发热少；

⑤系统中各元件安放位置要正确，以便充分发挥工作性能；

⑥归并出来的系统应经济合理。

依上述原则将液压系统进行合成，如图 6.11 所示。

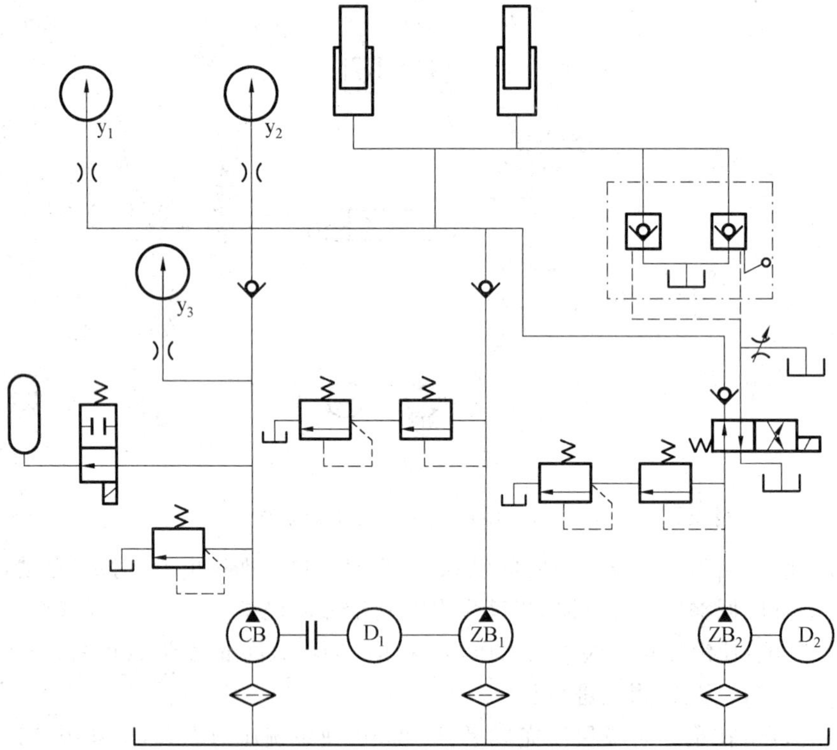

图 6.11　压机液压系统

液压系统动作说明如图 6.12 所示。

O—*A*：电机 D_1，D_2启动，由电控压力表 y_1，y_3控制压力。当系统压力达到 p_3时，电控

压力表 y_3 控制电磁离合器脱开，从而低压大流量泵 CB 停转。继续增压由泵 ZB_1 和泵 ZB_2 完成。

B—C：当压力达到 p_1 上限(26 MPa)时，电控压力表 y_1 发出信号，使 D_1，D_2 停转，同时继电器 T_1 开始计时。当系统压力降到 p_1 的下限(25.5 MPa)时，y_1 控制 D_2，启动补压。在时间继电器 T_1 经过时间 t_1 时，由 T_1 控制电磁换向阀 DF 得电，同时 D_2 启动使油缸降压。

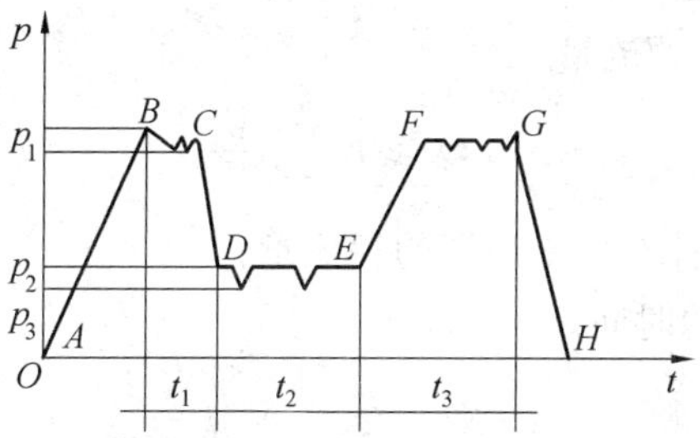

图 6.12　压机液压系统动作说明

D—E：当系统压力降到 p_2 的上限(6.5 MPa)时，电控压力表 y_2 使 DF 失电，同时 D_2 停转，单向阀关闭并保压，时间继电器 T_2 开始计时，在系统压力降到 p_2 的下限(6.0 MPa)时，y_2 控制 D_2 启动补压。在 T_2 经过时间 t_2 时，T_2 使 D_2 启动，系统重新增压。

F—G：当压力重新增高到 p_1 的上限(26 MPa)时，由 y_1 控制 D_2 停转，系统保压，同时时间继电器 T_3 开始计时，当经过时间 t_3 时，T_3 使 DF 得电，同时 D_2 启动并发出循环终了信号，柱塞下降。

停车：柱塞下降到最低位置 *H* 时，压下行程开关 ZK，使得 D_2 停转，DF 断电，一个周期完毕。

6.2.4　液压元件的选择

选择液压元件主要是选择元件的额定压力和额定流量，以适应系统的要求。此外还要计算电动机的功率和油箱容量。

本例题主要是对表 6.6 典型压机部分技术特性中的 SY 型和 SA 型压机特性参数进行验算。

1. 确定泵的容量及其驱动电机的功率

(1)泵口压力的确定。

对于压机之类的执行机构，其行程终了需停止运动并保压。因此其泵口压力等于执行件最高工作压力($p_1=26$ MPa)。

(2) 泵流量 *Q* 的确定。

① 单泵供油回路。

$$Q \geqslant K\left(\sum Q_i\right)_{\max}$$

式中　K—— 回路泄漏系数，$K=1.1\sim1.3$；

$\left(\sum Q_1\right)_{\max}$—— 同时工作执行元件流量之和的最大值。

代入 SA 型数据：$\left(\sum Q_i\right)_{\max}=1\ 523\ \text{L/min}$

$$Q \geqslant K\left(\sum Q_i\right)_{\max}=1.3\times1\ 523\ \text{L/min}\approx1\ 980\ \text{L/min}$$

② 回路有蓄能器时泵的流量。

$$Q \geqslant K\sum_{i=1}^{n}\frac{V_i}{T}$$

式中　V_i—— 一个执行件在一个周期的耗流量；

T—— 一个周期的时间。

SA 型取 $T=1$ min。

代入 SA 型数据：$Q\geqslant K\sum_{i=1}^{n}\frac{V_i}{T}=K\left(\sum Q_i\right)_{\max}=1.3\times1\ 523\ \text{L/min}=1\ 980\ \text{L/min}$。

(3) 泵的规格。

泵的额定流量 Q_B 按计算结果选取。其额定压力的选取，要比计算压力高出 20% ～ 40%，故选取 $p_B=32$ MPa。63cy14－B 型，$Q_B=99$ L/min。

(4) 电机功率 N_D 的确定。

① 若工况图上的 $p-t$ 曲线和 $Q-t$ 曲线的变化比较平稳，电机功率可按下式计算：

$$N_D=p_1Q_B/612\eta_B(\text{kW})$$

式中　p_1—— 系统实际计算压力，N/cm^2；

Q_B—— 泵的额定流量，L/min；

η_B—— 泵的总效率。

② 若工况图上的 $p-t$ 曲线和 $Q-t$ 曲线起伏较大(如压机)，则需按上式分别算出电机在一个循环中各工作时段内所需功率，然后用下式求出电机平均功率：

$$N_D=\sqrt{\sum_{i=1}^{n}N_{Di}^2\Big/\sum_{i=1}^{n}t_i}$$

其中　N_{Di}—— 一个循环中各工作段所需功率，$N_{Di}=N_{D1},N_{D2},\cdots,N_{Dn}$；

t_i—— 一个循环中各工作阶段所占的时间，见图 6.5(b) 压机热压曲线，$t_i=t_1,t_2,\cdots,t_n$。

按上式计算结果选取电机后，必须检查一下，使每一阶段电机的超载量都在允许范围内，一般电机在短时间内允许超载25%。SA 型热压机电机功率为 96.7 kW。短时间超载值为 124 kW，是允许的。

2. 确定其他元件规格

(1) 蓄能器容量的确定。

① 确定蓄能器的工作容积(有效供油容积)V_W。

根据压机的 $Q-t$ 图,在其快速闭合期间耗油量最大。其蓄能器的工作容积为

$$V_W = AHnK - \left(\sum Q_i\right)t/60$$

式中　A、H、n、K—— 意义同前;

$\sum Q_i$—— 系统中同时供油各泵流量之和。已知三个泵的流量分别为 148.5 L/min,99 L/min 和 15.75 L/min。

t—— 快速闭合时间取作 60 s。

代入 SA 型数据

$$V_W/(\mathrm{L \cdot min^{-1}}) = 3\,846 \times 198 \times 2 \times 1.3 - 148.5 - 99 - 15.75 = 1\,716.75$$

② 确定蓄能器的容量 V_i

$$V_i = \frac{V_W\left(\dfrac{p_2}{p_1}\right)^{\frac{1}{1.4}}}{1-\left(\dfrac{p_3}{p_2}\right)^{\frac{1}{1.4}}}$$

式中　V_W—— 蓄能器工作容积,L;

p_2—— 蓄能器最高工作压力,$\mathrm{N/cm^2}$;

p_3—— 蓄能器最低工作压力,$\mathrm{N/cm^2}$;

p_1—— 蓄能器的最低压力,$p_1 = (0.8 \sim 0.85)p_3$。

SA 型热压机蓄能器技术特性如下:

工作压力为 2.5 ～ 3.5 MPa;使用气体为氮气;筒高 8 100 mm;筒体内径为 1 200 mm;总容量为 8 000 L;最大储油量为 2 500 L。

(2) 选择控制阀。

根据系统最高工作压力和通过阀的实际流量,从产品样本中选取标准规格的元件,进行这项工作时必须注意:液压系统有串联油路与并联油路之分。串联时系统的流量与管道上各处通过的流量相同;并联而且同时工作时,系统的流量为各支路通过流量的总和。并联而且顺序工作时的情况与串联时相同。选出来的元件其额定压力和流量应尽可能与计算值相近,必要时允许通过元件的最大实际流量超过其额定值的 20%。

(3) 确定管道尺寸。

管道尺寸取决于需要通过的流量和管内允许的流速。但在实际设计中,管道通常是按已选定的液压元件连接口的大小来确定其尺寸的。因为这是一个大型设备,必须是管式连接。

(4) 确定油箱容量。

液压系统的散热主要靠油箱,油箱大,散热快,但占地面积大;油箱小则油温较高。一般系统,油箱容量可按下列经验公式选取:

低压系统: $V=(2\sim4)Q_B$

中压系统: $V=(5\sim7)Q_B$

高压系统: $V=(10\sim12)Q_B$

式中 V—— 油箱容积;

Q_B—— 油泵流量。

对压机系统油箱容量,可依具体情况参照同类型压机系统选取。由于本机高压时,流量很小,流量大时,压力很低,故发热不会很大。SA 型热压机按中压系统计算,$V=(5\sim7)Q_B$;取 $V=3\ 500$ L。

6.2.5 液压系统性能分析

液压系统设计完成后,需要对其技术性能进行分析,应从动力的消耗情况,完成工艺要求的动作和加工质量以及工作可靠性等方面,总结出本系统设计的特点以及进一步改进设计的意见。

表 6.6 典型压机部分技术特性

技术特征	SY 型(2 000 t)	SA 型(5 000 t)
总压力/N	12 500	20 000
热压板尺寸(长×宽×高)/(mm×mm×mm)	2 250×1 150×50	2 650×1 400×65
热压机间距/mm	90	90
压机层数/层	15	22
工作单位压力/(N·cm^{-2})	55	55
最高使用压力/(N·cm^{-2})	260	260
液压介质	油	油
加热介质	饱和蒸汽	饱和蒸汽
蒸汽压力/(N·cm^{-2})	22	22
柱塞直径/mm	ϕ320	ϕ700
柱塞行程/mm	1 250	1 980

续表 6.6

技术特征	SY 型(2 000 t)	SA 型(5 000 t)
机架形式	框架式	立柱式
柱塞个数	6	2
配备的液压系统	SY 型	SA 型
液压系统总功率/kW	51.5	96.7
外形尺寸(长×宽×高)(mm×mm×mm)	2 790×3 070×6 470	4 655×4 402×9 115
主机质量/t	58.5	约 150

6.3　液压传动课程作业题目

教学大纲规定选择一个课程作业题目，并按题目要求完成课程作业。现列出三个题目，学生可根据工作性质或志向任选其中一题。

题目 1　设计一台专用钻床液压系统

此系统应能完成快速进给—工作进给—快速退回—原位停止的工作循环。设计的原始数据如下：最大轴向切削力为 12 000 N，动力头自重为 20 000 N，快速进给行程 $s_1=100$ mm，工作进给行程 $s_2=50$ mm，快进和快退速度 $v_{max}=6$ m/min，加、减速时间 $\Delta t<0.2$ s，工进速度要求无级调速，$v_2=50\sim1\ 000$ mm/min，动力头为平导轨，水平放置，摩擦系数 $f_D=0.1$，$f_J=0.2$(其中 f_D是动摩擦系数，f_J 为静摩擦系数)。

要求完成以下工作：

(1)进行工况分析，绘制工况图；

(2)拟定液压系统原理图，绘制电磁铁动作循环表；

(3)计算液压系统，选择标准液压元件。

题目 2　校核 HWL－2 型自上清洁车

该车由北京清洁机械厂设计、制造，能自动提升和倾倒垃圾。该清洁车还备有可倾式垃圾箱和能自动提升的附属垃圾桶，如图 6.13 所示。可倾式垃圾箱靠手动换向阀 7 控制的翻斗缸 8 驱动；垃圾桶的提升和倾倒则由提升缸 5 驱动。手动换向阀 6 操纵垃圾桶的提升及下降。提升缸 5 安装在汽车右侧门架上，门架有三层。液压缸通过钢丝绳一滑轮组驱动框架，使垃圾桶加速，如图 6.14 所示。当桶升到顶端时(这时活塞距缸顶端 50 mm)即翻越滑轮，倾倒垃圾。倾倒时垃圾桶还震动两三次。垃圾桶升到顶端时由加速阀 12 控制油门 11，使发动机加速，加大泵排量，使提升缸获得最大速度，以便进行倾倒。

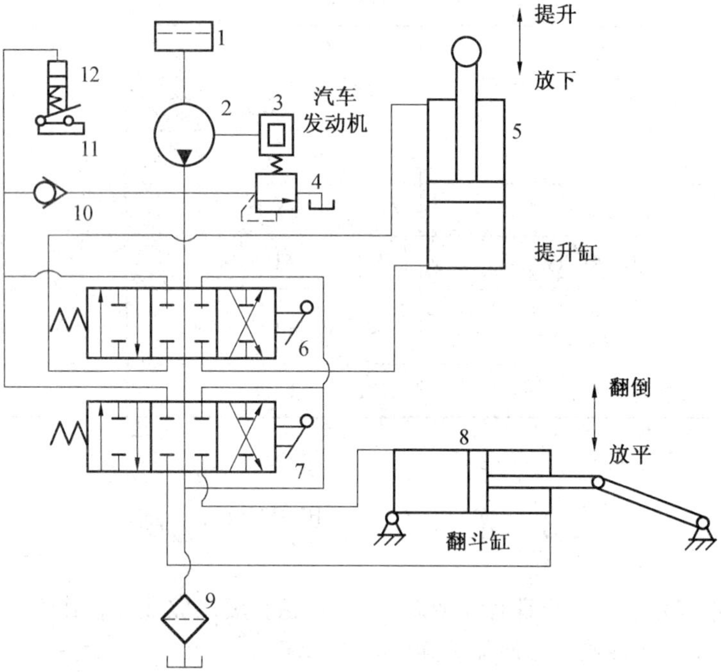

图 6.13　清洁车液压系统油路图

1—高位油箱；2—高压齿轮油泵；3—汽车发动机；4—调压阀；5—提升缸；6、7—3 位 4 通手动换向阀；8—翻斗缸；9—滤油器；10—单向阀；11—发动机油门；12—加速阀

主要参数：提升缸直径 $D=110$ mm，活塞直径 $d=50$ mm，行程 $s=285$ mm，泵流量 $Q=10\sim40$ L/min（可变），系统工作压力 $p=(70\sim120)\times10^5$ Pa（$p_{\max}=140\times10^5$ Pa），发动机转速为 500～2 500 r/min。

要求完成下列任务：

(1)读懂油路图，指出图中各元件的作用。绘出提升、倾倒和放下垃圾桶的动作循环表。提示：加速阀是感受系统压力伸缩的小液压缸，当垃圾桶升到顶部时，要求加速上升以利倾倒干净。加速时泵的最大流量在短时间内可达 50 L/min。

(2)校核提升能力及拟定维修配件清单。

①确定垃圾桶提升速比，并计算桶的最大提升速度、提升高度及提升时间；

②计算液压缸能提起垃圾桶的最大提升能力；

③绘制液压缸和垃圾桶的行程－速度工程图；

④改进油路系统，增设垃圾桶安全设施。按图 6.13 油路图，大垃圾箱的倾倒及复位采用手动换向阀 7 操纵，曾发生过由于手动换向阀不能自锁而轧伤车下维修工人的事故（现已改进油路）。

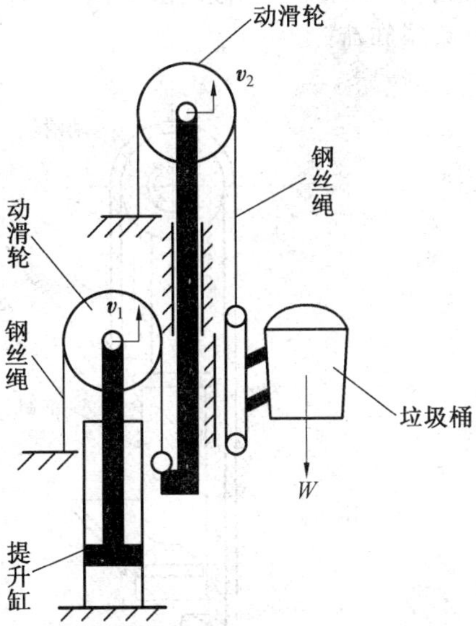

图 6.14　可倾式垃圾箱提升缸 5

题目 2 是自上清洁车的校核问题。有些学生见不到实物，对该车的动作要求理解不全面，影响到理解题意。故作以下提示：

(1)垃圾桶和垃圾箱不是同一物体。垃圾桶是马路边放置的、装垃圾的桶，而垃圾箱则是清洁车上的大箱子。垃圾桶提升后，其中的垃圾便倒入垃圾箱内。垃圾桶的倾倒是由提升缸 5 驱动的，而卸车时垃圾箱的倾倒是由翻斗缸 8 完成的。同学们做题时往往误认为翻斗缸 8 驱动垃圾箱倾倒，这是不对的。

(2)垃圾桶升到顶端时是如何加速的？垃圾桶上升到顶端时在滑轮上卡一下，负载加大，液压系统压力升高。加速阀 12 感受到系统的压力，加大油门，使泵的最大流量达到 50 L/min。这时油缸快速上升，垃圾桶倾倒。垃圾桶的上述动作是在液压缸最后 50 mm 行程内完成的。油泵流量从 40 L/min 升至 50 L/min 有一个过程。在做速度一位移曲线时可以认为行程从 235 mm 至 285 mm 这段位移中，提升缸的速度是匀加速上升的，到行程终了时达到最大速度。即 $s=235$ mm 时，泵的流量是 40 L/min，当 $s=285$ mm 时泵的流量才达到 50 L/min。

题目 3　设计 3 t 叉车液压系统

叉车是一种起重运输机械，它能够垂直或水平地搬运货物。请设计 3 t 叉车液压系统油路图。该叉车的动作要求是：货叉提升抬起重物，放下重物；起重架倾斜，回位。提升油缸通过链条一动滑轮使货叉提升(图 6.15)，货叉下降靠自重回位。为了使货物在货叉上放置角度合适，有一对倾斜缸可以使起重架前后倾斜。已知条件：货叉起升速度 $v=470$ mm/s 不变，下降速度最高不超过 400 mm/s，加、减速时间 t 为 0.2 s 左右，提升油缸行程为 1 500 mm,额定载荷为 30 000 N。倾斜缸由两个单杠液压缸组成,它们的尺寸已知。液压缸在停止位置时系统卸荷。

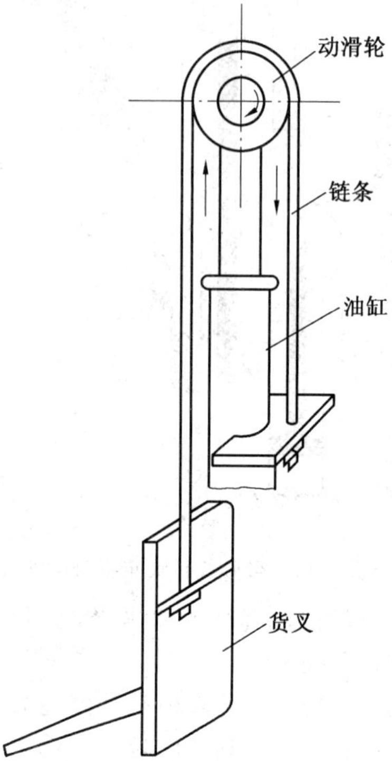

图 6.15 货叉提升装置结构示意图

要求完成下列工作:

(1)对提升油缸进行工况分析,绘制工况图,确定提升缸尺寸;

(2)拟定叉车起重系统液压油路图;

(3)计算液压系统,选择标准液压元件。

货叉提升装置结构示意图如图 6.15 所示。

题目 2 和题目 3 的负载比较简单,不必列表计算。不论列表与否,计算出各阶段负载后便可画出负载—位移曲线。

在负载—位移曲线中,负载变化时都有过渡过程,一般较复杂,画曲线时只要光滑连接即可。例如工作台从启动到开始加速阶段,静摩擦力比较大;运动后动摩擦力及惯性力较小,这两段负载之间要光滑连接。另外,从快进到工进,工作台要减速,在这段行程中缸的最大负载点在画曲线时不必画出。

参考文献

[1] 杨培元,朱福元.液压系统设计简明手册[M].北京:机械工业出版社，1994.

[2] 许福玲,陈尧明.液压与气压传动[M].北京:机械工业出版社，2001.

[3] 毛智勇,刘宝全.液压与气压传动[M].北京:机械工业出版社，2007.

[4] 雷天觉.液压工程手册[M].北京:机械工业出版社,2007.

[5] 李万莉.工程机械液压系统设计[M].上海:同济大学出版社，2011.

[6] 机械零件设计手册编写组.机械零件设计手册(上中下)[M].北京:冶金工业出版社，1989.

[7] 周士昌.机械设计手册(第4、5册)[M].北京:机械工业出版社,1988.

[8] 赵家振.液压传动课程设计[M].北京:机械工业出版社,1990.

[9] 张世伟.液压系统的计算与结构设计[M].银川:宁夏人民出版社,1992.

[10] 姜继海.液压传动[M].哈尔滨:哈尔滨工业大学出版社，2007.

[11] 成大先.机械设计手册:第四卷,第五卷[M].北京:化学工业出版社，2002.

[12]《机械设计手册》编委会.机械设计手册[M].北京:机械工业出版社,2008.

[13] 赵家振.液压传动课程设计[M].北京:机械工业出版社,1990.